Mechanics and Adaptronics

Reihe herausgegeben von

Markus Böl, Institute of Mechanics and Adaptronics, Technische Universität Braunschweig, Braunschweig, Deutschland

Michael Sinapius, Institute of Mechanics and Adaptronics, Technische Universität Braunschweig, Braunschweig, Deutschland

Ziel der Buchreihe ist die Publikation neuer Ansätze in der Mechanik und Adaptronik. Diese Ansätze umfassen zum einen experimentelle Themen als auch solche, die numerischen Charakters sind und erstrecken sich über diverse Größenskalen. Experimentelle, zukunftsweisende Themen beinhalten Untersuchungen auf Mikro- bis hin zur Makroebene und berücksichtigen unterschiedlichste Felder, von der Mechanik über Temperatur bis hin zu unterschiedlichen chemischen Feldern. Auch auf Seiten der numerischen Simulation werden auf Grundlage der experimentellen Untersuchungen neue multiskalige Mehrfeldmodelle entwickelt, kalibriert und validiert. Eine Besonderheit stellt hier die Thematik der Adaptronik dar, die als Ziel die Integration neuer Funktionen in tragende Bauteile durch die Kombination konventioneller Konstruktionswerkstoffe mit aktiven Werkstoffsystemen verfolgt. So werden Funktionswerkstoffe betrachtet, die Energiewandler sind und die die klassischen lasttragenden und formgebenden Funktionen um sensorische und aktorische Funktionen erweitern. Aktorische und sensorische Eigenschaften ermöglichen in Kombination mit adaptiven, schnellen Reglern eine optimale Selbstanpassung an die jeweilige Einsatzumgebung. Durch die Zusammenführung von numerischem und experimentellem Know-how auf mechanischer als auch adaptronischer Seite ist es möglich, Erkenntnisse aus der Natur im Sinne des bionischen Gedankens in die Technik zu übertragen und so neue wissenschaftliche Richtungen aufzuschlagen.

Bernd-Christian Hölscher

Voraussetzungen der Existenz frequenzunabhängiger Schalleinstrahlungsformen

Springer Vieweg

Bernd-Christian Hölscher
Institut für Mechanik und Adaptronik
Technische Universität Braunschweig
Braunschweig, Deutschland

ISSN 2731-6211 ISSN 2731-622X (electronic)
Mechanics and Adaptronics
ISBN 978-3-662-72138-4 ISBN 978-3-662-72139-1 (eBook)
https://doi.org/10.1007/978-3-662-72139-1

Die Deutsche Nationalbibliothek verzeichnet diese Publikation in der Deutschen Nationalbibliografie; detaillierte bibliografische Daten sind im Internet über https://portal.dnb.de abrufbar.

Springer Vieweg ist ein Imprint der eingetragenen Gesellschaft Springer-Verlag GmbH, DE und ist ein Teil von Springer Nature.
Die Anschrift der Gesellschaft ist: Heidelberger Platz 3, 14197 Berlin, Germany

Voraussetzungen der Existenz frequenzunabhängiger Schalleinstrahlungsformen

Von der Fakultät für Maschinenbau
der Technischen Universität Carolo-Wilhelmina zu Braunschweig

zur Erlangung der Würde

eines Doktor-Ingenieurs (Dr.-Ing.)

genehmigte Dissertation

von:	Bernd-Christian Hölscher
geboren in:	Stade

eingereicht am:	12.09.2024
mündliche Prüfung am:	09.01.2025

Vorsitz:	Prof. Dr.-Ing. Thomas Vietor
Gutachter:	Prof. Dr.-Ing. Michael Sinapius
	Prof. Dr.-Ing. Sabine Langer

2025

Kurzfassung

Der große Bedarf nach stetiger Steigerung der Effizienz motiviert im Transportsektor die Gewichtsreduktion. Diesem wird unter anderem begegnet durch den Einsatz dünner, flächiger Strukturen. Bei zunächst unverändertem Energieeintrag durch antriebs- und ggf. untergrundbedingte Schwingungen oder Umströmung erhöht sich in Folge einer solchen Reduktion der Masse die Amplitude der Schwingung. Insbesondere das Maß für die Oberflächengeschwindigkeit, die sog. Schnelle, ist dabei direkt mit dem durch diese Schwingung verursachten Schalldruck verknüpft.

Diese Erhöhung des in eine Fahrgastzelle eingestrahlten Schallpegels ist sowohl unter Gesichtspunkten des Passagierkomforts als auch des Arbeitsschutzes unerwünscht. Mögliche Gegenmaßnahmen lassen sich in die Kategorien passiv und aktiv unterteilen, aktive Maßnahmen eignen sich dabei eher für tiefere, passive eher für höhere Frequenzen.

Eine Sonderstellung auf dem Gebiet der strukturakustischen Schalleinstrahlungsreduktion nimmt die Dissertation von Hesse ein, der eine Methode zur Formulierung frequenzunabhängiger Schallstrahlungsmoden vorschlägt und an einfachen Testfällen überprüft. Eine solche Formulierung hätte, bei Übertragbarkeit auf Anwendungsfälle wie eine Flugzeugkabine, gegenüber den bisherigen, frequenzabhängigen Formulierungen, aufgrund der reduzierten Modellgröße einen erheblichen Vorteil. Ziel dieser Arbeit ist daher die Untersuchung der Voraussetzungen zur Übertragung dieser Methode auf technisch realisierte Kavitäten.

Die experimentellen Untersuchungen der Arbeit widmen sich der Frage nach der Beschreibbarkeit einer Kabinendynamik durch stehende Wellen, da diese eine Voraussetzung der Hesseschen Überlegungen bilden. Die Ergebnisse zeigen dabei für die untersuchte Flugzeugkabine, dass im betrachteten Frequenzbereich sowohl stehende als auch laufende Wellen auftreten. Insbesondere eine Quantifizierung der jeweiligen Anteile ist bisher im Stand des Wissens nicht dokumentiert. Der Beleg der Existenz stehender Wellen auch in einer stärker gedämpften Kavität wie der untersuchten deutet daher darauf hin, dass zumindest ein Teil des akustischen Feldes durch die Hessesche Methodik beschreibbar sein könnte.

Eine weitere Voraussetzung der Hesseschen Methode ist die schwache Kopplung der interagierenden Teilsysteme. Die Arbeit definiert zunächst die Kopplungsarten „schwach“, „partiell“ und „stark“ und schlägt zur Quantifizierung der Kopplungsstärke ein frequenzabhängiges energetisches Kriterium vor. Die Überprüfung dieses Kriteriums an geeigneten Testfällen zeigt zunächst die Notwendigkeit einer ergänzenden Betrachtung der Verläufe der Teilsystemenergien über der Frequenz. Das Kriterium erlaubt dann die Abgrenzung schwacher von partieller und starker Kopplung. Gegenüber dem Stand des Wissens hebt sich das neue Kriterium insbesondere durch seine Anwendbarkeit am gekoppelten System ab.

Die dritte in dieser Arbeit betrachtete Voraussetzung ist die Regularität der Kavitätsgeometrie. Diese grenzt die möglichen Geometrien stark ein, sodass die Widerlegung ihrer Notwendigkeit entscheidend für die Übertragung der Hesseschen Methode auf beliebige Kavitätsgeometrien ist. Anhand numerischer und analytischer Betrachtungen zeigt die Arbeit jedoch, dass eine Formulierung orthogonaler, frequenzunabhängiger Schalleinstrahlungsformen nur Kavitäten möglich ist, deren Geometrie sehr strenge Bedingungen erfüllt. Diese Bedingungen schließen eine technische Realisierung der Methode dabei nahezu aus.

Danksagung

Die vorliegende Arbeit entstand während meiner Zeit am Institut für Adaptronik und Funktionsintegration (inzwischen Institut für Mechanik und Adaptronik) der TU Braunschweig sowie der Abteilung Adaptronik des Instituts für Systemleichtbau des Deutschen Zentrums für Luft- und Raumfahrt e. V. (DLR).

Mein erster Dank gilt meinem Doktorvater Prof. Dr.-Ing. Michael Sinapius für die gelebte Begeisterung für die vielfältigen Forschungsthemen und vor allem die Menschen hinter diesen Themen in dem von ihm geschaffenen Forschungsumfeld an der TU Braunschweig, die die vorliegende Arbeit ermöglicht und immer wieder neu belebt hat.

Ebenfalls danken möchte ich Prof. Dr.-Ing. Sabine Langer für die Anfertigung des Zweitgutachtens und Prof. Dr.-Ing. Thomas Vietor für die Übernahme des Kommissionsvorsitzes.

Eine Grundvoraussetzung für das Gelingen dieser Arbeit war die offene und stets hilfsbereite Atmosphäre unter den Kolleginnen und Kollegen an DLR und TU Braunschweig. Besonders erwähnen möchte ich hier Dr.-Ing. Christian Hesse und Dr. rer. nat. Michael Rose, die maßgebliche Hilfestellungen zu den numerischen und analytischen Betrachtungen der vorliegenden Arbeit geleistet haben sowie Dr.-Ing. Stephan Algermissen, Dr.-Ing. Malte Misol und Dr.-Ing. Christian Pommer, die die experimentellen Teile ermöglicht und unterstützt haben.

Eine große Hilfe bei der Bearbeitung von Fragestellungen mit direktem oder indirektem Bezug zu dieser Dissertation waren auch die von mir in diversen Abschlussarbeiten betreuten Studierenden, mit denen ich gemeinsam lernen durfte. Stellvertretend genannt seien hier Susanna Baars, Lukas Bremer, Janis Buttler und Thomas Roloff.

Danken möchte ich weiterhin der Deutschen Forschungsgemeinschaft (DFG) für die Förderung des Projekts „Aktive Schalleinstrahlungsminderung in Innenräume" (Projektnummer 381936987), in dessen Rahmen ein großer Teil der Erkenntnisse der vorliegenden Arbeit entstanden sind.

Alexander Büchner, Dr.-Ing. Julian Steinmetz, Dr.-Ing. Patrick Scholle und Dr. rer. nat. Maximilian Winkler gilt meine Dankbarkeit neben den zahlreichen fachlichen Diskussionen und Lektoratsschleifen vor allem für die enge Freundschaft der vergangenen Jahre.

Zu guter Letzt bleibt mir hier, meiner Familie zu danken, die mir jederzeit Rückhalt und Energiequelle war und ist.

Inhaltsverzeichnis

Nomenklatur

Notation

$\underline{\underline{x}}$	Matrix
$\underline{x}$	Vektor
x	Skalar
$\overline{x}$	Mittelwert
$\{\cdot\}_k$	Laufindex (Kleinbuchstaben)
$\{\cdot\}_K$	Bezeichner-Index (Großbuchstaben)
$\{\cdot\}^T$	transponiert
$\{\cdot\}^*$	komplex konjugiert
$\lvert\cdot\rvert$	Betrag
$\angle(\cdot)$	Phase [°]
$\Im(\cdot)$	Imaginärteil
$\Re(\cdot)$	Realteil
[a, b]	Geschlossenes Intervall von a bis b
$\in$	Element von
φ', φ''	Kurzform von $\frac{d}{dx}\varphi(x)$ bzw. $\frac{d^2}{dx^2}\varphi(x)$

Symbole

Lateinische Symbole

c_A	Schallgeschwindigkeit [ms^{-1}]
f	Frequenz [Hz]
h	Impulsantwort [m]
$\underline{\underline{k_E}}$	Element-Steifigkeitsmatrix [Nm^{-1}]
$\overline{k_{FS}}$	Kopplungskoeffizient, Definition siehe Gl. 4.1
n	Anzahl modaler Freiheitsgrade
n_L	Anzahl Lautsprecherpositionen

n_M	Anzahl Mikrofonpositionen
r	Radius [m]
$\underline{r}_S$	Punkt auf Interaktionsfläche [m]
$\underline{\underline{m}}_E$	Element-Massenmatrix [kg]
$\overline{s}_j$	Einstrahlungseffizienz der j-ten akustischen Eigenform [kg m^{-4}]
s_r	r-te Polstelle [s^{-1}]
t	Zeit [s]
u^n	n-te Koordinatenrichtung in einem allgemeinen, mehrdimensionalen Koordinatensystem
$\underline{u}_E$	Vektor der Knotenauslenkungen eines Elements [m]
v_N	Strukturschnelle in Normalenrichtung [ms^{-1}]
x	Abszisse in kartesischen Koordinaten [m]
y	Ordinate in kartesischen Koordinaten [m]
z	Applikate in kartesischen und zylindrischen Koordinaten [m]
A_r	r-ter modaler Beteiligungskoeffizient [m]
$E_{E,KIN}$	Mittlere kinetische Elementenergie [J]
$E_{E,POT}$	mittlere potentielle Elementenergie [J]
E_F	Fluidenergie [J]
$E_{F,POT}$	Potentielle Fluidenergie [J]
E_S	Strukturenergie [J]
G	Leistungsspektrum
H	Übertragungsfunktion
$I_{O,n}$	Orthogonalitätsindex der ersten n Eigenformen, Definition siehe Gl. 5.8
J_m	Besselfunktion 1. Art, m-ter Ordnung
L_Z	Zylinderlänge [m]
$\mathbb{N}_0$	Menge der natürlichen Zahlen einschließlich Null
$N_{E,F}$	Anzahl der Fluidelemente
$N_{E,S}$	Anzahl der Strukturelemente
O_S	Interaktionsfläche zwischen Fluid und Struktur [m^2]
R	Radius [m]

Griechische Symbole

γ^2	Kohärenzfunktion [−]
θ	Winkelkoordinate in zylindrischen Koordinaten [rad]
$\tau_{m,l}$	l-te Nullstelle der 1. Ableitung der Besselfunktion 1. Art, m-ter Ordnung
ϕ_j	j-te akustische Eigenform [−]
$\underline{\phi}_j$	j-ter akustischer Eigenvektor [−]
$\varphi(\cdot)$	Funktion einer oder mehrerer Variablen
$\underline{\psi}_i$	i-ter Eigenvektor [−]
ω	Kontinuierliche Kreisfrequenz [s^{-1}]
Δ	Laplace-Operator
Ω	Diskrete Kreisfrequenz [s^{-1}]

Indizes

Laufindizes

l	Modaler Index in radialer Richtung
m	Modaler Index in umfänglicher Richtung
n	Modaler Index in axialer Richtung
r	Modaler Freiheitsgrad

Bezeichnerindizes

A	Luft
E	Element
F	Fluid
G	Gewichtet
IM	Imaginär
KIN	Kinetisch
L	Lautsprecher
M	Mikrofon
N	Normalenrichtung
O	Orthogonal
POT	Potentiell
R	In Richtung der r-Koordinate
RE	Real
S	Struktur
X	In x-Richtung
Y	In y-Richtung
Z	In z-Richtung
ZYL	Zylinder
Θ	In Richtung der θ-Koordinate

Abkürzungen

APE	Akustische Potentielle Energie
ASAC	Active Structural Acoustic Control
CFK	kohlenstofffaserverstärkter Kunststoff
CMIF	Complex Mode Indicator Function
DLR	Deutsches Zentrum für Luft- und Raumfahrt
FEM	Finite Elemente Methode
IIE	Impedanzmatrix der Innenraumeinstrahlung
KOR	Korrelationskriterium für Vektoren, Definition siehe Gl. 5.2
MAC	Modal Assurance Criterion

MPC	Modal Phase Collinearity
RFP-Z	Rational Fraction Polynomial in der Z-Domäne
SEA	Statistische Energie-Analyse
SV	Singulärvektor

Kapitel 1
Einleitung

Der große Bedarf nach Steigerung der Effizienz motiviert im Transportsektor die Suche nach Möglichkeiten zur Gewichtsreduktion. Diese finden sich unter anderem im Einsatz dünner, flächiger Strukturen. Bei zunächst unverändertem Energieeintrag durch antriebs- und ggf. untergrundbedingte Schwingungen oder Umströmung erhöht sich in Folge einer solchen Reduktion der Masse die Amplitude der Schwingung. Insbesondere das Maß für die Oberflächengeschwindigkeit, die sog. Schnelle, ist dabei direkt mit dem durch diese Schwingung verursachten Schalldruck verknüpft.

Diese Erhöhung des in eine Fahrgastzelle eingestrahlten Schallpegels ist sowohl unter Gesichtspunkten des Passagierkomforts als auch des Arbeitsschutzes unerwünscht. Mögliche Gegenmaßnahmen lassen sich in die Kategorien passiv und aktiv unterteilen, aktive Maßnahmen eignen sich dabei eher für tiefere, passive eher für höhere Frequenzen [Sin21, S. 408 ff.].

Bei einer Fokussierung auf Herausforderungen des niederfrequenten Bereichs existieren konkurrierende Konzepte, eine Übersicht geben bspw. Fahy und Gardonio [FG07, S. 569 ff.]. Diese Konzepte unterscheiden sich dabei einerseits durch die Wahl der zu reduzierenden Zielgröße, andererseits durch die Auswahl von Aktorik und Sensorik.

In Bezug auf die Zielgröße stehen sich lokal zu bestimmende Werte, wie der Schalldruck an einer bestimmten Position, und global zu bestimmende Werte, wie die in die Kabine eingestrahlte Schallleistung oder die in der Kabine vorhandene akustische Energie, gegenüber. Bei der Sensorik und Aktorik ist zwischen strukturellen wirksamen Elementen wie Inertialerregern und Beschleunigungssensoren und in der Kavität platzierten wie Lautsprechern und Mikrofonen zu unterscheiden.

Das Feld der aktiven Struktur-Akustik-Regelung (ASAC, active structural acoustic control) befasst sich dabei vielfach mit Ansätzen zur globalen Reduktion des Schallfeldes im Innenraum mit Hilfe rein struktureller Aktorik und Sensorik [FG07, S. 573 ff.]. Der Verzicht auf Elemente in der Kavität bietet dabei das Potenzial einer

B. Hölscher, *Voraussetzungen der Existenz frequenzunabhängiger Schalleinstrahlungsformen*, Mechanics and Adaptronics,
https://doi.org/10.1007/978-3-662-72139-1_1

kompakten Realisierung durch Integration der notwendigen Elemente einer Regelung oder Steuerung in bspw. die Sekundärstruktur [Sin21, S. 411]. Herausfordernd ist bei diesem Ansatz die Abbildung der Schalleinstrahlung infolge der Strukturschwingungen. Hesse [Hes16, S. 14 ff.] führt aus, dass diese in der Literatur meist frequenzabhängig beschrieben wird, was große Modelle bedingt, die entsprechende Anforderungen an die Datenverarbeitung stellen.

Eine Sonderstellung auf dem Gebiet der strukturakustischen Schalleinstrahlungsreduktion nimmt die Dissertation von Hesse [Hes16] ein, der eine Methode zur Formulierung frequenzunabhängiger Schallstrahlungsmoden vorschlägt und an einfachen Testfällen überprüft. Eine solche Formulierung hätte, bei Übertragbarkeit auf Anwendungsfälle wie eine Flugzeugkabine, gegenüber den bisherigen, frequenzabhängigen Formulierungen, aufgrund der reduzierten Modellgröße einen erheblichen Vorteil.

Ziel dieser Arbeit ist daher die Untersuchung der Voraussetzungen zur Übertragung dieser Methode auf technisch realisierte Kavitäten. Das folgende Kapitel stellt zu diesem Zweck die von Hesse erzielten Erkenntnisse detailliert dar und identifiziert die, die vorliegende Arbeit strukturierenden, wesentlichen offenen Fragen in Bezug auf die Implementierung der Hesseschen Methode an bspw. Fahrgastkabinen von Flugzeugen oder Automobilen und entwickelt an diesen Fragen die Struktur der Arbeit.

Kapitel 2
Strukturakustische Regelung auf Basis frequenzunabhängiger Schalleinstrahlungsformen

Motivation dieser Arbeit ist die recheneffiziente Beschreibung der Schalleinstrahlung durch schwingende Berandungsflächen wie Fenster oder Kabinenlinings in einen Innenraum. Ein hierzu von Hesse u. a. in mehreren Arbeiten vorgelegtes Konzept verspricht auf diesem Gebiet einen wesentlichen Fortschritt aufgrund einer erstmals belegten Beschreibung durch frequenzunabhängige Schwingformen der Schalleinstrahlung [Hes16; HVS. 17; Hes+17; Hes18]. Die Umsetzbarkeit des Konzepts zeigen diese Publikationen dabei analytisch und numerisch für quader- und zylinderförmige Kavitäten und experimentell an einem Quader. Ziel dieser Arbeit ist eine Prüfung des Konzepts auf eine Anwendbarkeit an beliebig geformten bzw. technisch realisierten Kavitäten wie Flug- und Fahrzeugkabinen oder Wohnräumen.

Der folgende Abschn. 2.1 stellt daher zunächst die von Hesse in seiner Dissertationsschrift erzielten Erkenntnisse zusammen. Abschn. 2.2 erarbeitet daran anschließend die getroffenen Annahmen und formuliert aus diesen Forschungsfragen, die zur weiteren technischen Umsetzung des Konzepts zu klären sind. Aus diesen Forschungsfragen ergibt sich dann die abschließend in Abschn. 2.3 vorgestellte Kapitelstruktur dieser Arbeit.

2.1 Effiziente Formulierung der Schalleinstrahlung in Innenräume

Die folgenden Abschnitte stellen die Erkenntnisse der von Hesse [Hes16] vorgelegten Dissertation, den sie motivierenden Stand des Wissen soweit notwendig sowie ergänzende Literatur jüngeren Datums zusammen.

B. Hölscher, *Voraussetzungen der Existenz frequenzunabhängiger Schalleinstrahlungsformen*, Mechanics and Adaptronics,
https://doi.org/10.1007/978-3-662-72139-1_2

2.1.1 *Beschreibung der APE durch strukturelle Schalleinstrahlungsformen*

Als Zielgröße für die Reduktion der Schalleinstrahlung in eine Kavität wählt Hesse die akustische potentielle Energie (APE), die sich aus dem Volumenintegral der Schalldruckquadrate berechnet [Hes16, S. 7f.]. Es handelt sich dabei im Vergleich zur Regelung lokaler Schalldrücke an bspw. Kopfpositionen um eine im Sinne der betrachteten Kavität globale Zielgröße. Hesses Ansatz geht von einer analytischen Beschreibung der APE, basierend auf den durch die Randfläche vorgegebenen Amplituden der Strukturschnelle aus. Die Untersuchungen sind daher beschränkt auf Geometrien, für die eine analytische Lösung der Helmholtzgleichung existiert, welche die Druckverteilung im Innenraum auf Basis der Randschnelle beschreibt. Für den ersten Schritt der analytischen Beschreibung wählt Hesse daher die Geometrien eines Quaders sowie eines Zylinders, für die Lösungen in Form von in den einzelnen Raumrichtungen separierten Funktionen bekannt sind. Für diese Geometrien zeigt Hesse dann, dass sich die für die Berechnung der APE maßgeblichen, auf die Interaktionsfläche reduzierten Eigenformen in frequenzunabhängige, orthogonale Druckverteilungen zusammenfassen lassen [Hes16, S. 25 ff.]. Diese Verteilungen bezeichnet er als Schallstrahlungsmoden. Unter begrifflichen Gesichtspunkten ist hier allerdings hervorzuheben, dass sich diese nicht direkt aus der Orthogonalisierung einer Einstrahlungsbeschreibung ergeben, sondern vielmehr aus der Zusammenfassung von Orthogonalisierungen in unterschiedlichen Frequenzen. Zur Abgrenzung verwendet diese Arbeit daher im Folgenden anstelle des Begriffs der Schallstrahlungsmode den Begriff Schalleinstrahlungsform.

Da diese Formen sich aus den Eigenformen des eingeschlossenen Fluids ergeben, liefert eine gewichtete Überlagerung der Schalleinstrahlungsformen die APE in der Kavität. Die Gewichtung der Schalleinstrahlungsformen ergibt sich aus einem geometrischen Vergleich mit der Schnelleverteilung der frequenzabhängigen Strukturschwingung sowie einer Multiplikation mit den skalaren, frequenzabhängigen Schalleinstrahlungseffizienzen. Diese beschreiben die zusammengefassten Effizienzen der jeweils zu einer Schalleinstrahlungsform gehörenden akustischen Eigenformen.

2.1.2 *Vergleich von analytischer und numerischer Formulierung*

Diese analytische Zerlegung berücksichtigt dabei nur das akustische Teilsystem und seine dynamischen Eigenschaften, nicht aber das einstrahlende strukturelle. Zur Überprüfung der Gültigkeit der im analytischen Modell gefundenen Frequenzunabhängigkeit und Orthogonalität der Schalleinstrahlungsformen nutzt Hesse numerische Modelle des aus Kavität und umgebender Struktur gekoppelten Systems. Hierzu betrachtet er die frequenzabhängige Impedanzmatrix der Innenraumeinstrahlung

(IIE). Diese ist bei Hesse so definiert, dass eine links- und rechtsseitige Multiplikation des Vektors der Strukturschnellen an die IIE den Wert der APE im Innenraum in Folge der strukturellen Anregung dieses Innenraums ergibt [Hes16, S. 8ff.]. Anhand einer Übersicht von numerischen Studien, welche die APE unter Verwendung der IIE berechnen, konstatiert Hesse einen Konsens der Frequenzabhängigkeit der Singulärvektoren dieser Matrix und somit der Schalleinstrahlungsformen [Hes16, S. 14 ff.].

Zur Verifikation der analytisch gefundenen, frequenzunabhängigen Schalleinstrahlungsformen berechnet Hesse die IIE einerseits anhand einer vollständig gekoppelten, frequenzweisen Betrachtung der numerischen Modelle [Hes16, S. 39 ff.], andererseits durch Kopplung der entkoppelten Teilsystemmoden [Hes16, S. 53 ff.]. Für beide Ansätze zeigt er mit steigender Diskretisierungsfeinheit bzw. steigender Anzahl berücksichtigter Moden eine Konvergenz der Singulärvektoren der IIE. Diese Konvergenz bildet sich zum einen gegen frequenzunabhängige Singulärvektoren über den betrachteten Frequenzbereich, zum anderen gegen die zuvor analytisch bestimmten Schalleinstrahlungsformen. Die analytische, strukturunabhängige Formulierung ist somit auch für die Interaktion mit den gewählten Strukturmodellen belegt. Die Konvergenz für die Verwendung modaler Parameter anstelle der vollständig gekoppelten, harmonischen Formulierung nutzt Hesse neben der Validierung der modalen Kopplungsformulierung auch als a-posteriori Beleg der Gültigkeit der Annahme schwacher Kopplung der betrachteten Testfälle.

2.1.3 *Experimentelle Reduktion der Einstrahlung*

Hesse gibt in seiner Dissertationsschrift eine Übersicht zu experimentellen Studien mit dem Ziel einer Schallreduktion in einem Innenraum [Hes16, S. 10 ff.]. In Bezug auf die angestrebte globale Reduktion konstatiert er einen Fokus dieser Studien auf die Kontrolle lokaler Schalldrücke bzw. Beschleunigungssignale mittels verschiedener Aktuierungskonzepte wie Lautsprechern, piezokeramischer Elemente oder elektromagnetischer Erreger bzw. deren Positionierung. Diese Arbeiten streben somit keine globale Reduktion der strukturellen Schalleinstrahlung an. Als Ausnahmen führt Hesse die Arbeiten von Cazzolato [Caz99], Kim und Brennan [KB00] und Hill u. a. [HTI12] an, die zwar eine globale Reduktion der Innenraumeinstrahlung zum Gegenstand haben, allerdings unter Verwendung frequenzabhängiger Schalleinstrahlungsformen [Caz99; HTI12] bzw. akustischer Fehlersensoren [KB00].

Ergänzend zur Übersicht in Hesses Dissertationsschrift sind experimentelle Studien jüngeren Datums aufzuführen. Köhne [Köh17] reduziert die Schalleinstrahlung in einen A400-M-Laderaum mittels struktureller Erreger. Fehlersensoren sind allerdings Mikrofone im Laderaum, sodass die Modellierung der Fluid-Struktur-Interaktion nichtparametrisch durch die Messung von Übertragungsfunktionen erfolgen kann. Ein ähnliches Konzept verfolgen Misol u. a. [Mis+23] zur Reduktion des Turbinenlärms eines Business-Jets in der Kabine, die Schalleinstrahlung infolge von Strukturschwingungen wird auch hier anhand zuvor aufgenommener Übertragungsfunktionen zu in der Kabine befindlichen Mikrofonen abgebildet. Mylonas u. a. [Myl+24] verfolgen ein rein akustisches Konzept, bei dem sie im Mockup einer Kabine mit Hilfe von Mikrofonen und Lautsprechern eine globale Reduktion eines harmonischen Schalleintrags anstreben.

Sowohl Haase u. a. [Haa+16] als auch Algermissen und Monner [AM17] verfolgen im Gegensatz dazu strukturakustische Konzepte, bei denen die Schwingung einer Flugzeug-Sekundärstruktur gemessen und mittels struktureller Aktorik bezüglich der berechneten abgestrahlten Schallleistung reduziert wird. Dem Ansatz einer Reduktion der abgestrahlten Leistung im Gegensatz zur Reduktion der APE in der Kabine liegt jedoch wiederum die Annahme einer Abstrahlung in einen absorbierenden Raum anstelle einer Kavität mit resonantem Verhalten zugrunde.

Zur Validierung seines auf Schalleinstrahlungsformen basierten Konzepts zur globalen Einstrahlungsunterdrückung setzt Hesse dieses an einem experimentellen Versuchsträger um [Hes16, S. 71 ff.]. Dieser entspricht dabei in Geometrie und Material der zuvor analytisch und numerisch betrachteten Quaderkavität. Die flexible Plattenstruktur vor der ansonsten schallhart berandeten Kavität stört er durch eine Punktkraft, Aktorik und Sensorik des Regelkreises bilden 24 Beschleunigungssensoren und 2 elektrodynamische Aktoren. Als Zielgröße der Regelung fungiert dann die aus den Beschleunigungssignalen errechnete APE. Die Berechnung erfolgt durch Auswertung der Schnelleverteilung an der Plattenoberfläche bzgl. der analytisch berechneten und experimentell belegten Schalleinstrahlungseffizienzen und -formen. Die Schalleinstrahlungsformen wertet Hesse bzgl. einer zuvor identifizierten Erweiterung des Sensorgitters auf eine feinere Auflösung von insgesamt 195 Punkten aus [Hes16, S. 73 f. i.V.m. S. 80]. Die Schalleinstrahlungseffizienzen bildet er durch ein diskretes Filter auf Basis der experimentell ermittelten Eigenfrequenzen der Kavität ab [Hes16, S. 74 f. i.V.m. S. 84]. Hesse belegt für den experimentellen Aufbau durch breitbandige Störung der Struktur die Validität der zuvor entwickelten Berechnung der APE durch Schalleinstrahlungsformen für die Quadergeometrie. Dies gelingt zum einen durch Berechnung der APE in der Kavität anhand der gemessenen Strukturschnellen im Abgleich mit dem durch Mikrofone in der Kavität bestimmten, tatsächlichen Wert [Hes16, S. 85]. Zum anderen weist der Vergleich von Schnelle der Struktur und Druckverteilung in der Kavität für offenen und geschlossenen Regelkreis die für eine strukturakustische Regelung typische Reduktion der akustischen Zielgröße bei gleichzeitiger teilweiser Erhöhung der Strukturschnelle auf [Hes16, S. 86 ff.].

Die Implementierung einer Regelung der Schalleinstrahlung, basierend auf einem Streckenmodell, welches frequenzunabhängige, orthogonale Schalleinstrahlungsformen nutzt, bietet somit für die Reduktion einer globalen Zielgröße wie der APE Potenzial zur Minimierung der erforderlichen Größe des im Regler hinterlegten Modells und somit der Anforderungen an die Prozessorleistung für die Abdeckung eines vorgegebenen Frequenzbereichs. Aufgrund der Beschränkungen durch die Auswahl an Geometrien und Modellannahmen ist jedoch unklar, ob eine Anwendung auch auf komplexere, technisch realisierte Kavitäten möglich ist. Ziel dieser Arbeit ist daher die Betrachtung der Randbedingungen für die Umsetzung einer solchen strukturakustischen Regelung in komplexen technischen Innenräumen wie bspw. Kabinen von Flug- und Fahrzeugen oder Wohnräumen. Hierzu identifiziert der folgende Abschn. 2.2 zu klärende Forschungsfragen.

2.2 Annahmen einer Einstrahlungsreduktion auf Basis von Schalleinstrahlungsformen

Wesentliche Voraussetzung für die von Hesse erzielten Ergebnisse sind mehrere Annahmen, deren Gültigkeitsbereiche vor einer Implementierung in komplexen technischen Systemen einzugrenzen sind. Diese Annahmen und ihre Prüfung strukturieren die vorliegende Arbeit.

2.2.1 Stehende Wellen

Die von Hesse vorgeschlagenen analytischen und numerischen Verfahren der Formulierung frequenzunabhängiger, orthogonaler Formen der Schalleinstrahlung setzen entweder explizit oder implizit durch Annahme einer proportionalen Dämpfung die Beschreibbarkeit des entkoppelten akustischen Subsystems durch reellwertige Eigenformen der Druckverteilung voraus. Deren Eigenschaft der Orthogonalität bzgl. der Massenverteilung wird dann zur Zusammenfassung in Schalleinstrahlungsformen genutzt.

Sowohl für Strukturen [AB20, S. 18] als auch für eingeschlossene Fluidvolumina [Mös10, S. 585 ff.] ist jedoch bekannt, dass konzentrierte Dämpfungselemente zu Eigenformen mit komplexwertiger Amplitude führen können, für welche die Orthogonalitätseigenschaften der reellwertigen Moden nicht mehr gelten. Aufgrund vielfacher akustisch dämpfender, räumlich konzentrierter Elemente in Fahrgastkabinen wie bspw. Teppichböden, Wandverkleidungen, Sitzen oder auch Passagieren ergibt sich als erste zentrale Frage dieser Arbeit Forschungsfrage 1:

> **Forschungsfrage 1 Modale Approximation technisch realisierter Kavitäten**
> *Erlauben technisch realisierte Kavitäten die Beschreibung ihrer Dynamik durch modale Parameter, die wiederum eine Abbildung der strukturellen Schalleinstrahlung durch frequenzunabhängige Schalleinstrahlungsformen ermöglichen?*

2.2.2 Schwache Kopplung

Die Annahme der schwachen Kopplung bezieht sich auf die Beeinflussung des Teilsystemverhaltens von umgebender Struktur oder eingeschlossener Luft durch die Kopplung mit dem jeweils anderen Teilsystem. Hesse nutzt diese Annahme, indem er zur Berechnung der Schalleinstrahlungsformen und Schalleinstrahlungseffizienzen zunächst die entkoppelten Eigenformen und Vergrößerungsfunktionen der akustischen Moden verwendet und die strukturelle Schnelle lediglich als Randbedingung berücksichtigt [Hes16, S. 27 f.]. Die experimentelle Umsetzung des Regelungskonzepts greift dann ebenfalls auf die analytisch bestimmten Eigenformen zur Berechnung der Schalleinstrahlungsformen zurück, während für die Schalleinstrahlungseffizienzen experimentelle Werte für akustische Eigenfrequenzen und Dämpfungen Berücksichtigung finden [Hes16, S. 83 ff.].

Aus Untersuchungen an ähnlichen Aufbauten wie dem von Hesse genutzten ist allerdings bekannt, dass die Berücksichtigung der Strukturschnelle als bloße Randbedingung der Innenraumakustik zu erheblichen Abweichungen von einer Lösung bei vollständig gekoppelter Berechnung des Gesamtsystems führen kann. Beispiele existieren hier sowohl in einem breiteren Frequenzband im tieffrequenten Bereich wie bei Cheer und Elliott [CE11] als auch in einem begrenzten Frequenzband bei der Koinzidenz von Eigenfrequenzen der entkoppelten Teilsysteme wie bei Schultz und Davis [SD18]. Insbesondere die Auswirkung von Resonanzkoinzidenzen der Teilsysteme wäre für die Auslegung einer strukturakustischen Regelung, welche die strukturellen Eigenschaften beeinflusst, von erheblicher Bedeutung.

Während die Zulässigkeit der Annahme schwacher Kopplung für das von Hesse untersuchte System anhand der dokumentierten experimentellen Ergebnisse zulässig erscheint, besteht für die Anwendung des Konzepts der akustischen Beeinflussung auf Basis von Schalleinstrahlungsformen auf andere Fälle offensichtlich der Bedarf nach Validierung der Annahme schwacher Kopplung zwischen schwingender Struktur und eingeschlossenem Fluid. Als zweite zentrale Frage dieser Arbeit ergibt sich somit Forschungsfrage 2:

Forschungsfrage 2 Quantifizierbarkeit der Kopplungsstärke
Ist die Kopplungsstärke zwischen Struktur und Fluid so quantifizierbar, dass eine Aussage über die Zulässigkeit der Annahme schwacher Kopplung im Kontext einer Modellierung der Interaktion auf Basis von Schalleinstrahlungsformen möglich wird?

2.2.3 Geometrie

Zum Zweck der Verifizier- und Validierbarkeit der Ergebnisse konzentrieren die Arbeiten von Hesse sich auf Geometrien und Randbedingungen für Struktur und Fluid, für die eine analytische Lösung existiert. Hierzu verwendet Hesse [Hes16, S. 38] den Begriff der Regularität. Eine Kavitätsgeometrie ist demnach regulär, wenn

- die Geometrie konstante Integrationsgrenzen in den drei betrachteten Raumrichtungen aufweist und
- der Integrand des kontinuierlichen Skalarprodukts der Eigenformen an der Interaktionsfläche als Produkt von Termen mit Abhängigkeit von je einer Koordinate darstellbar ist,

andernfalls ist sie irregulär. Unter der Konstanz der Integrationsgrenzen in der jeweiligen Raumrichtung ist hierbei zu verstehen, dass für jeden Schnitt durch das Kavitätsvolumen senkrecht zu dieser Raumrichtung die Verläufe der Ränder identisch sind.

Hesse zeigt die Existenz orthogonaler und frequenzunabhängiger Schalleinstrahlungsformen der Innenraumeinstrahlung für reguläre Kavitätsgeometrien. Konkret beschränkt er sich hierbei auf die Geometrien Quader und Zylinder. Diese erfüllen aufgrund der Konstanz ihrer Grenzflächen bzgl. jeweils einer kartesischen bzw. zylindrischen Koordinate sowie der in den Koordinatenrichtungen unabhängigen Lösungen der Helmholtzgleichung die obige Definition einer regulären Geometrie.

Für irreguläre Kavitätsgeometrien bleibt die Formulierung orthogonaler und frequenzunabhängiger Schalleinstrahlungsformen hingegen offen bzw. gelingt an einer Variation der Quadergeometrie nicht [Hes16, S. 111 ff.]. Als mögliche Ursache hierfür führt Hesse eine nicht abgeschlossene Konvergenz des Modells aufgrund zu grober Diskretisierung an. Eine weitere Überprüfung dieser Vermutung erfolgt nicht.

Innenräume wie bspw. Fahrgastkabinen von Flugzeugen oder Automobilen, die für eine technische Umsetzung des vorgeschlagenen Modellierungs- und Regelungsansatzes von Interesse wären, erfüllen die Definition einer regulären Kavitätsgeometrie offensichtlich nicht. Als dritte Kernfrage dieser Arbeit ergibt sich somit Forschungsfrage 3:

Forschungsfrage 3 Formulierung von Schalleinstrahlungsformen
Ist die Methode zur Formulierung orthogonaler, frequenzunabhängiger Schalleinstrahlungsformen auf irreguläre Kavitäten erweiterbar?

Der folgende Abschnitt stellt anhand der entwickelten Forschungsfragen die Struktur der Arbeit vor.

2.3 Struktur der Arbeit

Der Aufbau dieser Arbeit ist durch die Forschungsfragen des vorangegangenen Abschnitts bestimmt. Kap. 3 untersucht die in Abschn. 2.2.1 aufgeworfene Frage nach der Beschreibbarkeit technisch realisierter Kavitäten durch modale Parameter. Kap. 4 betrachtet dann bezugnehmend auf Frage 2 die Quantifizierbarkeit der Kopplungsstärke eines Fluid-Struktur-Systems. Kap. 5 behandelt schließlich Forschungsfrage 3 nach der Existenz orthogonaler, frequenzunabhängiger Schalleinstrahlungsformen für beliebig geformte Kavitäten. Den Abschluss der Arbeit bildet Kap. 6, das die Erkenntnisse zu den Forschungsfragen zusammenträgt und anhand der offenen Punkte einen Ausblick auf zukünftige Forschung gibt.

Kapitel 3
Relevanz stehender Wellen für Kabinenakustik

Dieses Kapitel ist motiviert durch Forschungsfrage 1 nach der Beschreibbarkeit des akustischen Feldes in einer technisch realisierten Kavität wie bspw. die Fahrgastzellen von Flugzeugen oder Automobilen. Abschn. 3.1 stellt zu diesem Zweck den Stand des Wissens zu modalen Parametern solcher Kavitäten strukturiert zusammen. Auf Basis der identifizierten Wissenslücke leitet Abschn. 3.2 die Forschungshypothese dieses Kapitels ab. Unterkapitel 3.3 stellt dann den für die folgenden Untersuchungen verwendeten Versuchsträger sowie die notwendige Messtechnik vor. Kern der Untersuchungen sind die Überprüfung des Versuchsträgers auf resonantes Verhalten in Abschn. 3.4 sowie die anschließende Quantifizierung des Anteils laufender Wellen durch modale Approximation in Abschn. 3.5. Die Erkenntnisse dieses Kapitels führt abschließend Unterkapitel 3.6 zusammen.

3.1 Stand des Wissens zur modalen Beschreibung akustischer Felder in Fahrgastkabinen

Ziel dieses Abschnitts ist die Identifikation und Strukturierung des zur Klärung von Forschungsfrage 1 relevanten Wissensstands. Hierzu fasst Recherchefrage 1 diese weiter und fragt allgemein nach dem Stand des Wissens zur modalen Beschreibung technisch realisierter Kavitäten:

> **Recherchefrage 1 Modale Parameter von Kavitäten**
> *Welche modalen Parameter technisch realisierter Kavitäten sind im Stand des Wissens dokumentiert?*

B. Hölscher, *Voraussetzungen der Existenz frequenzunabhängiger Schalleinstrahlungsformen*, Mechanics and Adaptronics,
https://doi.org/10.1007/978-3-662-72139-1_3

Die zu dieser Frage relevante Literatur gliedern die folgenden Abschnitte in Studien zur Abbildung von Kavitätsdynamiken ohne die Identifikation modaler oder physikalischer Parameter (Abschn. 3.1.1), Veröffentlichungen zu Eigenfrequenzen und Eigenformen (Abschn. 3.1.2) und schließlich solchen Publikationen, die auch die Parameter Dämpfung und insbesondere Komplexität einbeziehen (Abschn. 3.1.3).

3.1.1 Nichtparametrische Studien

Palumbo u. a. [Pal+01] stellen ein System zur strukturellen Reduktion der Schalleinstrahlung für ein zweimotoriges Flugzeug mit Turbopropantrieb vor und präsentieren Ergebnisse aus Flugtests. Das System zielt auf die Reduktion des durch die Propeller entstehenden Lärms und ist aufgrund des verfügbaren Tachosignals als Steuerung ausgelegt mit adaptivem Modell des Übertragungsverhaltens der strukturellen Aktoren zu den Fehlermikrofonen. Die Abbildung des Übertragungsverhaltens erfordert dabei keine gesonderte Identifikation von Struktur und Fluid mit anschließender Modellierung der Interaktion, sondern erfolgt durch Übertragungsfunktionen. Die hier notwendige Abbildung jeder einzelnen Frequenz fällt im Hinblick auf die Modellgröße aufgrund der wenigen zu berücksichtigenden Frequenzen nicht ins Gewicht. Für die Beruhigung einer breitbandigen Störung wäre dieser Nachteil bedeutender. Ähnliche Untersuchungen legen Grewal u. a. [GZL01] sowie Johansson u. a. [Joh+99] vor mit Schwerpunkten der Untersuchungen auf geeigneter Platzierung der strukturellen Aktorik und Sensorik [GZL01] bzw. auf Algorithmen zur adaptiven Nachführung der hinterlegten Übertragungsfunktionen [Joh+99].

Gardonio [Gar02] betont die Bedeutung der Berücksichtigung von akustischen Moden der Kabine bei niedrigen Frequenzen für die strukturakustische Reduktion der Schalleinstrahlung, ohne jedoch näher auf typische Werte der modalen Parameter einzugehen.

3.1.2 Eigenfrequenzen und Eigenformen

Simpson u. a. [Sim+89] bestimmen die akustischen Eigenfrequenzen in der Hecksektion einer DC-9 mit und ohne Kabinenverkleidung. Die Autoren geben nur die Resonanzfrequenzen und ausgewählte Eigenformen an, sie treffen aber keine Aussagen zu Dämpfungen oder stehenden bzw. laufenden Wellen. Die Bestimmung der Resonanzfrequenzen erfolgt durch eine Anregung der Kabine mittels Lautsprecher und der Betrachtung der Übertragungsfunktion von einem Referenzmikrofon zu Antwortmikrofonen auf einem Array. Resonanzkriterium ist ein verschwindender Realteil der Übertragungsfunktion bzw. ein 90°-Durchgang der Phase. Dieses Vorgehen ist zunächst aus der strukturellen Modalanalyse zur Schätzung von Eigenfrequenzen für Einfreiheitsgradsysteme bei Betrachtung einer Kraft-Weg Beziehung bekannt [AB20, S. 36]. Da sowohl Referenz- als auch Antwortmikrofon aber eine

Antwort des akustischen Systems auf die Lautsprecheranregung darstellen, erscheint das angewendete Resonanzkriterium zweifelhaft.

Pope u. a. [Pop84; PWW87; PWM87] entwickeln und validieren in mehreren Publikationen eine Software zur Berechnung tonaler Schallpegel in Kabinen von Propellerflugzeugen in Folge des Lärmeintrags durch die Propeller. Die Autoren bilden die Fluid-Struktur-Interaktion zwar durch eine Kopplung der strukturellen mit den akustischen Moden ab, berechnen die akustischen Moden allerdings lediglich anhand eines vereinfachten geometrischen Modells und betrachten diese weiter vereinfachend als ungedämpft [Pop84, S. 75ff., S. 96 ff., S. 152 ff.].

Mylonas u. a. [Myl+24] demonstrieren die aktive Beruhigung einer Passagierkabine mittels Gegenschall an einem Demonstrator mit Abmessungen, die ein nicht näher spezifiziertes kleineres Flugzeug annähern sollen. Die Autoren demonstrieren ihr Konzept in der ersten akustischen Resonanzfrequenz und erreichen eine maximale Reduktion des Schalldruckpegels um 13,3 dB. Weitere modale Parameter neben der Eigenfrequenz, insbesondere Dämpfung oder Komplexität, sind nicht angegeben. Die Wände des Demonstrators bestehen allerdings aus blanken, ungepolsterten Holzflächen, ebenso werden kein Fußbodenbelag oder weitere absorbierende Einbauten wie Sitze aufgeführt. Für den Versuchsaufbau ist somit von Dämpfungen deutlich unterhalb derer kommerzieller Passagierkabinen auszugehen. Auch die erreichte Reduktion erscheint dann nicht übertragbar.

3.1.3 Modale Dämpfungen und Komplexität der Eigenformen

Bullmore [Bul87, S. 142 ff.] bestimmt anhand der Übertragungsfunktionen von der Membrangeschwindigkeit eines anregenden Lautsprechers zur Druckantwort an mehreren Mikrofonpositionen Eigenfrequenzen und modale Dämpfungen der Kabine einer British Aerospace 748 im Frequenzbereich bis 100 Hz. Die ermittelten modalen Dämpfungen liegen dabei zwischen 3 % und 5 %. Anzumerken ist allerdings, dass Bullmore zur Bestimmung der Dämpfungswerte die Methode der Halbwertsbreite verwendet. Diesem Verfahren liegt die Annahme frequenzmäßig gut getrennter Resonanzen zugrunde [AB20, S. 34, 38 ff.], deren Gültigkeit ist für die teilweise nur um wenige Hertz verschiedenen Eigenfrequenzen jedoch anzuzweifeln.

Accardo u. a. [Acc+18] führen mittels verteilter Volumenschallquellen und Mikrofonen eine akustische Modalanalyse im Innenraum eines unbesetzten PKW durch. Die Autoren plausibilisieren die aus den gemessenen Übertragungsfunktionen ermittelten Eigenformen durch numerische Abschätzungen. Die ermittelten modalen Dämpfungen liegen zwischen 6 % und 14 % und sind anhand der präsentierten Frequenzgänge ohne ausgeprägte Überhöhungen ebenfalls plausibel. Aufgrund der anzunehmenden konzentrierten Dämpfung, bspw. durch Sitzpolster oder Fußmatten, wären neben stehenden Wellen bzw. rein reellen Moden auch laufende Wellen bzw. komplexe Moden in der Fahrgastzelle zu erwarten. Eine Diskussion der Art der auftretenden Wellenformen oder eine Quantifizierung anhand von Komplexitätswerten erfolgt jedoch nicht. Die Autoren stellen lediglich eine Amplitudenverteilung für die Eigenformen dar.

Für die Kabine einer Dornier 228, eines zweimotorigen Propellerflugzeugs, präsentieren van der Auweraer, Otte und Augusztinovicz [vOA93] ausgewählte akustische Eigenformen. Die Anregung erfolgt mittels 4 Lautsprechern, die Messung durch ein Array aus 25 Mikrofonen an 17 Positionen in der Kabine. Der bei van der Auweraer, Otte, Venet u. a. [van+93] dokumentierte Aufbau scheint dabei eine vollständig ausgestattete Kabine zu nutzen, auch wenn diese Information nur anhand der Abbildungen zu vermuten, dem Text jedoch nicht zu entnehmen ist. Die auftretenden akustischen Moden werden anhand des Singulärwertverlaufs als aufgrund von Dämpfung und modaler Dichte stark gekoppelt beschrieben. Die Analyse erfolgt mittels des Least-Squares-Complex-Exponential Algorithmus. Die im betrachteten Frequenzbereich dominante akustische Mode bei 80 Hz stellt sich als Überlagerung von stehender und laufender Welle in longitudinaler Kabinenrichtung dar, für die weiteren, höherfrequenten identifizierten Eigenformen nimmt der laufende Anteil ab. Werte für Dämpfung oder Komplexität der Moden geben die Autoren allerdings nicht an.

Der Stand des Wissens zeigt, dass eine zumindest teilweise Beschreibung des Verhaltens von Kavitäten wie Flug- oder Fahrzeugkabinen anhand modaler Parameter möglich ist. Aufgrund der gefundenen Dämpfungswerte sowie der räumlichen Konzentration möglicher Dämpfungselemente wäre dabei eine zumindest teilweise konzentrierte Dämpfung und somit laufende Anteile des Wellenfeldes zu erwarten. Ein derartiges Verhalten wird aber nur von einer Arbeitsgruppe beschrieben und in keiner der aufgeführten Publikationen quantifiziert.

Die bereits in Abschn. 2.1.3 aufgeführten strukturakustischen Maßnahmen an Sekundärstrukturen in Flugzeugen von Haase u. a. zur aktiven Reduktion einer Einstrahlung nehmen demgegenüber eine Abstrahlung in einen absorbierenden Raum anstelle resonanten Verhaltens an, gehen also von ausschließlich laufenden Wellen aus.

Aus dem Stand des Wissens geht somit nicht hervor, ob eine der beiden Arten bevorzugt oder beide gleichmäßig zu berücksichtigen sind.

3.2 Hypothese zur Zusammensetzung akustischer Felder in Fahrgastkabinen

Die im vorangegangen Abschnitt aufgeführten Arbeiten zu akustischen Feldern in Fahrgastkabinen nutzen unterschiedliche Ansätze zur Beschreibung des dynamischen Verhaltens im Hinblick auf die Annahme stehender oder laufender Wellen. Die zentrale Hypothese dieses Kapitels postuliert daher, dass beide Arten für eine sinnvolle Modellierung zu berücksichtigen sind.

Forschungshypothese 1 Modellhafte Abbildung einer Kabinenakustik
Zur Modellierung einer Kabinenakustik sind sowohl stehende als auch laufende Wellen zu berücksichtigen.

Gegenstand dieses Kapitels ist daher die Untersuchung einer realitätsnahen Fahrgastkabine im Hinblick auf das Auftreten stehender und laufender Wellen bei Anregung durch eine akustische Quelle. Der folgende Abschnitt stellt den für diese Untersuchungen genutzten Versuchsträger sowie die verwendete Methodik dar.

3.3 Versuchsträger und akustische Quelle zur Vermessung der Kabinenakustik

Dieses Unterkapitel stellt die Versuchsumgebung und -ausrüstung der Untersuchungen in diesem Kapitel zusammen. Abschn. 3.3.1 beschreibt die in den folgenden Untersuchungen behandelte Flugzeugkabine und ihre Einrichtung. Abschn. 3.3.2 ist mit der Bereitstellung und Qualifizierung einer geeigneten akustischen Quelle befasst.

3.3.1 Passagierkabine des DLR-ISTAR

Der folgende Abschnitt stellt die Versuchsumgebung zur Untersuchung des Verhältnisses stehender und laufender Wellen in technisch relevanten Kavitäten dar. Hierzu wird die Passagierkabine des Forschungsflugzeugs ISTAR des Deutschen Zentrums für Luft- und Raumfahrt (DLR) als Beispiel einer technisch relevanten Kabine verwendet. Die Messungen sind hierbei eingebettet in eine größere Kampagne des DLR zur vibroakustischen Identifikation des ISTAR bei Anregung durch die Triebwerke. Ergebnisse der Schwingungsmessungen sind durch Winter u. a. [Win+23] veröffentlicht. Ein Konzept zur Beruhigung des Innenraums in den Frequenzen der Triebwerke auf Basis einer hochauflösenden akustischen Identifikation beschreiben Misol u. a. [Mis+23]. Die ISTAR-Plattform ist in Abb. 3.1 dargestellt.

Beim ISTAR handelt es sich um einen Business-Jet vom Typ Dassault Falcon 2000LX, den das DLR als Teil seiner Flotte an Forschungsflugzeugen verwendet. Die in Abb. 3.1 dargestellte Konfiguration stellt den Aufbau im Hangar zur strukturellen Anregung und Vermessung dar [Win+23]. Zu erkennen sind unter anderem die zur Erregeranbindung freigelegte Triebwerksstruktur sowie die auf der Flugzeugaußenhaut markierten Messpunkte zur Applikation von Beschleunigungssensoren zwecks Bestimmung der Strukturantwort.

Abb. 3.1 Flugversuchsträger ISTAR des DLR e. V. (Aus [Win+23])

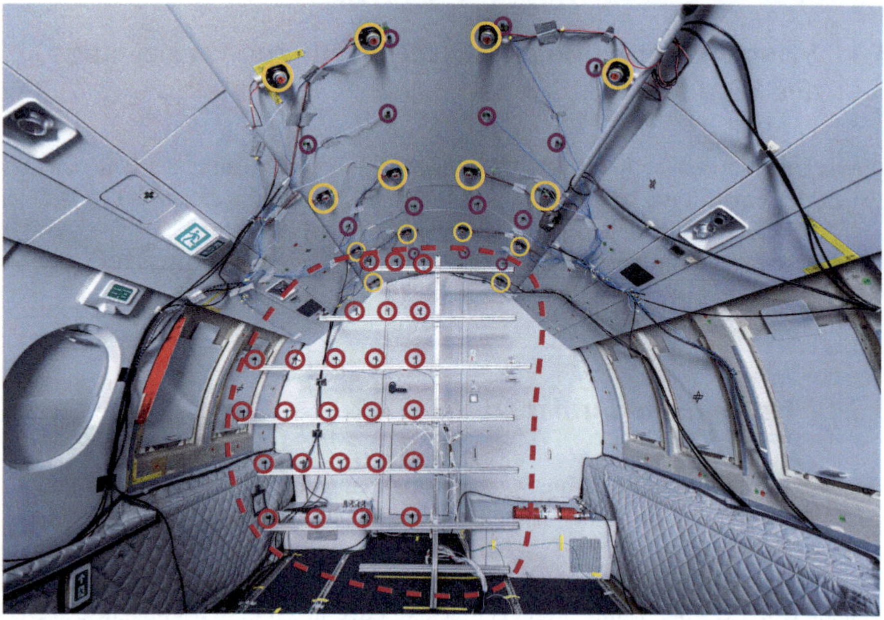

Abb. 3.2 Kabine und Setup mit elektrodynamischen Erregern (gelb), Beschleunigungssensoren (violett), Mikrofonen (rot) und Array (rot-gestrichelt). (Aus [Mis+23], mit Ergänzungen)

In dieser Konfiguration der Plattform erfolgen auch die akustischen Messungen im Innenraum. Hierzu wird der hintere Teil der Kabine vermessen, dargestellt in Abb. 3.2.

Zu erkennen sind zum einen diverse elektrodynamische Erreger sowie Beschleunigungssensoren am Kabinenhimmel, andererseits ein aus Konstruktionsprofilen aufgebautes Array, das auf sechs Ebenen links der Mittelstrebe mit insgesamt 26 Mikrofonen bestückt ist. Dieses Array ermöglicht durch Verschieben und Drehen eine räumlich hochaufgelöste Vermessung des Schallfeldes in der Kabine. Die Ausstattung der gesamten Kabine, die Position des durch das Array abdeckbaren Messbereichs sowie die Längenabmaße der Kabine sind in Abb. 3.3 dargestellt.

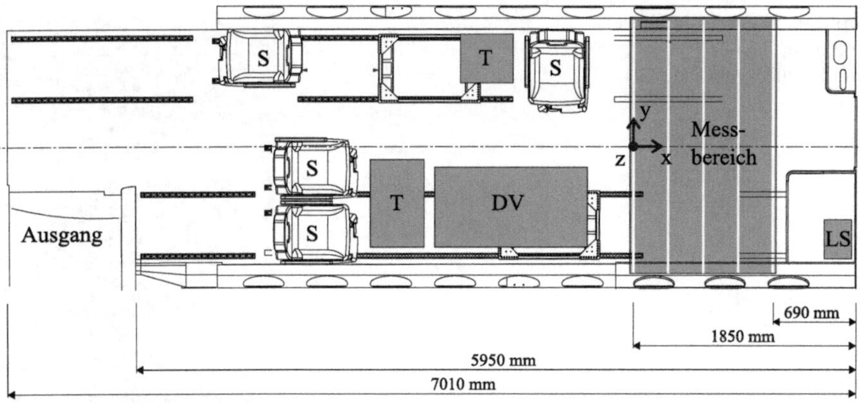

Abb. 3.3 Dimensionen und Einrichtung der untersuchten Kabine mit den Positionen von Sitzen (S), Tischen (T), der Datenverarbeitungs-Hardware (DV), dem Lautsprecher (LS) für die Messungen in Abschn. 3.4 sowie dem eigentlichen Messbereich. (Angelehnt an [Mis+23], mit Anpassungen der Kabinenausstattung)

Neben den Längenabmaßen weist die Kabine einen maximalen Durchmesser von 2350 mm sowie eine Höhe von 1880 mm auf [Deu20].

Der dargestellte Messbereich deckt nur einen kurzen Bereich am hinteren Ende der Kabine ab. Dies ist dem kurzen zur Verfügung stehenden zeitlichen Messfenster geschuldet, das einen jeweils vollständigen Umbau der Kabine vor und nach den Messungen sowie die vollständige Abdeckung der Kabine in ihrer gesamten Länge durch Verschieben des Mikrofonarrays verunmöglicht. Weiterhin würde ein Ausbau der Sitze, Tische und weiteren Elemente mit ihren absorbierenden und streuenden Eigenschaften auch dem Ziel entgegenstehen, eine betriebsnahe Situation im Hinblick auf die Implementierung einer strukturakustischen Beruhigung abzubilden.

Die für die Messungen durch Misol u. a. [Mis+23] vorgesehene Sensor-Erreger-Kombination aus mobilem Mikrofonarray und Inertialshakern am Kabinenhimmel bzw. der Anregung durch die Triebwerke ist für die angestrebte Untersuchung der Kabinenakustik auf ihre Zusammensetzung aus stehenden und laufenden Wellen allerdings nur bedingt geeignet, da zwischen dem messbaren Referenzsignal wie einer Triebwerksdrehzahl oder der Ansteuerspannung der Shaker und dem an den Mikrofonpositionen gemessenen Schalldruck jeweils vor der akustischen noch eine mechanische Strecke liegt, welche die interessierende Phasenbeziehung beeinflusst. Zur ausschließlichen Betrachtung des akustischen Teilsystems ist daher die Bereitstellung einer geeigneten akustischen Quelle erforderlich. Geeignet bezeichnet hier insbesondere die phasenrichtige Messbarkeit der Quellstärke. Diese behandelt der folgende Abschnitt.

Abb. 3.4 Versuchsstand zur Qualifizierung der Schallquelle. (Aus [Bre22])

3.3.2 Messung der akustischen Anregung

Ziel dieses Abschnitts ist der Funktionsnachweis für die Bereitstellung und Messung der Stärke einer akustischen Quelle. Von besonderem Interesse ist hierbei die Detektion von stehenden Wellen in einer angeregten Validierungskavität. Der Versuchsaufbau ist in Abb. 3.4 dargestellt[1].

Die Referenzkavität ist umfasst durch einen Zylinder aus kohlenstofffaserverstärktem Kunststoff (CFK) und weist eine Länge von 2,05 m und einen Radius von 0,49 m auf. Die Struktur ist mittels einer Aufhängung an Elastomerseilen strukturell von der Umgebung entkoppelt und am oberen und unteren Ende mit Abschlüssen aus Holz versehen. Die Materialien der Berandungen weisen eine ausreichend hohe Schallkennimpedanz gegenüber der eingeschlossenen Luft auf, um für eine Reflexion von Schallwellen in der Zylinderkavität zu sorgen und somit die Ausbildung stehender Wellen zu ermöglichen. Darüber hinaus ermöglicht die zylindrische Form der Kavität aufgrund existierender analytischer Beschreibungen eine Validierung gemessener Eigenschaften anhand eines einfachen Modells.

Die Anregung des Luftvolumens im Innenraum ermöglichen mehrere, in den Abschluss eingelassene Visaton-AL 130 Lautsprecher [VIS23, S. 279]. Zu erkennen sind außerdem mehrere verschlossene Bohrungen zur späteren Durchführung und Montage von Sensorkabeln oder Array-Aufbauten. Die Lautsprecher sind an unterschiedlichen radialen und Umfangskoordinaten platziert, um eine möglichst hohe

[1] Der in diesem (3.3.2) Abschnitt beschriebene Versuchsaufbau sowie die dargestellten und interpretierten Messungen entstammen der im Kontext dieser Dissertation betreuten Abschlussarbeit von Bremer [Bre22].

Abb. 3.5 Bodenplatte des Versuchsstands aus Abb. 3.4 mit Lautsprechern

modale Steuerbarkeit einer späteren gleichzeitigen Anregung mit mehreren Lautsprechern grundsätzlich zu ermöglichen.

Im Rahmen strukturdynamischer Untersuchungen wird häufig die Phasenbeziehung zwischen Anregungskraft und der Strukturantwort, gemessen als Auslenkung, Schnelle oder Beschleunigung eines oder mehrerer Messpunkte, zur Identifikation von Resonanzen genutzt. Äquivalent bei akustischen Messungen ist die Beziehung zwischen einer anregenden Volumenbeschleunigung und der Druckantwort des angeregten Fluids, dargestellt bspw. durch Sas und Augusztinovicz [SA99, S. 498 ff.]. Die Messung der Druckantwort kann durch Mikrofone erfolgen, zur Messung der Quellstärke werden kommerziell Volumengeschwindigkeitssensoren angeboten, bestehend aus zwei am Ausgang der Schallquelle befindlichen Mikrofonen. Møller u. a. [MGH04] zeigen, wie aus dem Abstand der Mikrofone, der Geometrie der Schallquelle sowie den gemessenen Druckverläufen dann die Übertragungsfunktion von der durch die Schallquelle generierten Volumengeschwindigkeit zu einem Referenzsensor zu berechnen ist.

Diese Methode erfordert allerdings zum einen die genaue Mikrofonpositionierung, zum anderen stellt sie hohe Anforderungen an die Phasentoleranz der verwendeten Paare von Mikrofonen und Messverstärkern. Møller u. a. nutzen Mikrofonpaare einer Intensitäts-Messsonde, als typische Herstellerangabe für die Toleranz derartiger Messketten nennt Möser [Mös10, S. 360 ff.] einen Wert von 0, 3°. Diese Anforderungen machen derartige Sensoren enorm kostspielig. Alternativ schlagen Sas und Augusztinovicz [SA99] eine Messung der Membranauslenkung eines anregenden Lautsprechers vor und demonstrieren die Eignung der Methode zur Bestimmung einer Quellstärke unter der einschränkenden Annahme einer im betrachteten Frequenzbereich unverformten Membran. Dieses Konzept der Anregungsmessung erscheint für den vorliegenden Anwendungsfall ausreichend, zumal das Interesse im Wesentlichen am Nachweis und der Bestimmung von Eigenfrequenzen und Eigenformen besteht und die Bestimmung eines vollständigen Modalmodells, insbeson-

Abb. 3.6 Instrumentierung des äußeren Lautsprechers aus Abb. 3.5 mit Beschleunigungsensor. (Auf Lautsprechermembran) und Mikrofon (aus [Bre22])

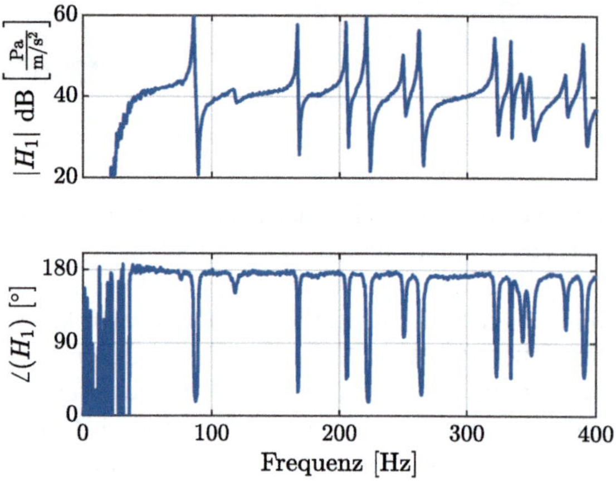

Abb. 3.7 Übertragungsfunktion von Beschleunigungssensor zu Mikrofon in Abb. 3.6. (Nach [Bre22])

dere im Hinblick auf die modalen Massen der einzelnen Moden, nicht unbedingt erforderlich ist.

Zur Erprobung dieses Konzepts im Hinblick auf die Eignung zur Identifikation akustischer Resonanzen wird der randnächste Lautsprecher aus Abb. 3.5 gemäß Abb. 3.6 instrumentiert.

Abweichend von dem durch Sas und Augusztinovicz [SA99] vorgeschlagenen Aufbau erfolgt die Messung der Membranbewegung nicht mittels eines Wegsensors oberhalb der Membran, sondern mit Hilfe eines applizierten Beschleunigungssensors. Gegenüber dem in der Quelle verwendeten Wegsensor bietet dieser Ansatz eine reduzierte Störung des akustischen Feldes sowie eine Vereinfachung der konstruktiven Aufgaben der Sensormontage und Bauraumbereitstellung für das ebenfalls in Abb. 3.6 dargestellte Referenzmikrofon über der Lautsprechermembran.

Der Amplituden- und Phasengang der Übertragungsfunktion von Membranbeschleunigung zu Druck am Referenzmikrofon sind in Abb. 3.7 dargestellt.

Die Übertragungsfunktion zeigt ein schwach gedämpftes System mit mehreren Resonanzfrequenzen. Unterhalb von etwa 300 Hz sind diese Resonanzen überwiegend frequenzmäßig gut voneinander getrennt, oberhalb führt eine offensichtlich steigende modale Dichte einerseits zu Spitzen des Amplitudengangs mit geringem Abstand, zum anderen aber auch dazu, dass die Phase zwischen zwei Resonanzen

Tab. 3.1 Vergleich der Eigenfrequenzen aus der Übertragungsfunktion in Abb. 3.7 mit den anhand der Abmaße zu erwartenden

Mode Nr.	Form	Lösung in Hz	Messungen in Hz	Abweichung in %
1	0,0,0	0	–	
2	1,0,0	83,7	86,0	2,7
3	2,0,0	167,4	167,0	0,2
4	0,1,0	205,2	205,0	0,1
5	1,1,0	221,7	221,0	0,3
6	3,0,0	251,1	249,5	0,9
7	2,1,0	264,9	262,0	1,1

teilweise nicht vollständig wieder auf 180° steigt. Eine Identifikation von Resonanzfrequenzen in diesem Bereich würde somit eine Modellierung mit mehreren modalen Freiheitsgraden erfordern. Da das Ziel dieses Abschnitts jedoch lediglich eine Qualifizierung der Anregungsmessung ist, ist der folgende Abgleich zwischen den theoretisch zu erwartenden Resonanzfrequenzen und den anhand des Phasengangs aus den Messdaten identifizierten auf den Bereich bis 300 Hz beschränkt. Die möglichen Resonanzfrequenzen unterhalb dieser Schranke sowie ihre Zuordnung zu den theoretisch zu erwartenden sind in Tab. 3.1 aufgeführt.

Die angegebenen theoretischen Resonanzfrequenzen berechnen sich zu

$$f_{l,m,n} = \frac{c_A}{2\pi}\sqrt{\left(\frac{\tau_{m,l}}{R}\right)^2 + \left(\frac{n\pi}{L_{ZYL}}\right)^2} \tag{3.1}$$

mit der Anzahl Knotenebenen der zugehörigen Eigenform in radialer, umfänglicher und axialer Richtung l, m und n, der Zylinderlänge L_{ZYL}, dem Radius R, der Schallgeschwindigkeit $c_A = 343{,}2\,\mathrm{m\,s^{-1}}$ und den Nullstellen der ersten Ableitung der Besselfunktionen erster Art und m-ter Ordnung J_m

$$\frac{\partial J_m\left(\tau_{m,l}\right)}{\partial r} = 0, \tag{3.2}$$

vgl. [Hes16, S. 32].

Die aufgeführten, aus dem gemessenen Phasengang extrahierten Resonanzfrequenzen sind bis auf zwei Ausnahmen anhand des 90°-Phasendurchgangs identifiziert. Für den Einbruch des Phasengangs bei 249,5 Hz liegt zwar kein Absinken bis unter 90° vor, das Vorliegen einer Resonanzfrequenz erscheint aufgrund der analytischen Abschätzung allerdings plausibel. Der unvollständige Abfall des Phasengangs lässt sich aus der frequenzmäßigen Nähe zur nächsten Resonanz bei 262,0 Hz erklären.

Ebenfalls kein 90°-Phasendurchgang liegt bei 120 Hz vor, eine mögliche Resonanz ist auch durch die analytische Rechnung nicht plausibilisierbar. Vielmehr zeigt sich der Amplituden- und Phasengang in der Nähe dieser Frequenz sehr sensitiv bzgl. Änderungen der Randbedingungen und Eigenschaften des unteren Abschlusses, bspw. durch Lockern der Verbindungsschrauben zum CFK-Zylinder oder einer Ergänzung von Versteifungen. Hier scheint daher eine strukturelle Resonanz des Abschlusses plausibel. Während dieser Effekt zur Bestimmung der Resonanzen des akustischen Systems im vorliegenden Fall unerwünscht ist, stellt er kein grundsätzliches Argument gegen die Verwendung des untersuchten Prinzips der Bereitstellung und Messung einer akustischen Anregung dar. Er weist lediglich auf die Notwendigkeit der Vermeidung zusätzlicher, von der vorgesehenen Sensorik nicht erfassbarer, struktureller Schwingungen einer solchen Quelle.

Aufgrund des unter Verwendung des untersuchten Prinzips erhaltenen Phasengangs, der hieraus identifizierbaren Resonanzfrequenzen sowie deren Plausibilität anhand analytischer Modellbildung erscheint die hier untersuchte Variante des von [SA99] vorgeschlagene Verfahrens der Quellstärkemessung in Kombination mit der Auswertung der Übertragungsfunktion zu einem kollokal platzierten Referenzmikrofon geeignet zur Identifikation von Eigenfrequenzen.

Der folgende Abschn. 3.4 setzt dieses Prinzip in der Umgebung der in Abschn. 3.3.1 vorgestellten Kabine des DLR-ISTAR um.

3.4 Überprüfung der Kabine auf resonantes Verhalten

Die klare Indikation von Resonanzen am Versuchsträger des vorangegangenen Abschnitts sowie die Plausibilität der gefundenen Frequenzen auf Basis des analytischen Modells motivieren die Umsetzung des Konzepts im Versuchsträger ISTAR:

Arbeitshypothese 1.1 Einpunktmessung
Die Bestimmung einer akustischen, kollokalen Übertragungsfunktion ist geeignet, eine Aussage zur Existenz akustischer Resonanzen in einer Kavität zu treffen.

Im Gegensatz zum Versuchsträger der Zylinderkavität ist ein Einlassen des anregenden Lautsprechers in die Berandung der Kabine aus Abb. 3.2 für die vorliegende Arbeit nicht möglich. Stattdessen wird eine Einfassung in ein allseitig geschlossenes Holzgehäuse gewählt, dargestellt in den Abb. 3.8 und 3.9.

Das Gehäuse hat die Abmessungen 200 mm × 235 mm × 235 mm ($Breite \times Höhe \times Tiefe$) und ist in der in Flugrichtung hinteren linken Ecke der Kabine platziert, vgl. Abb. 3.2 und 3.3, da unter der vereinfachenden Annahme schallharter Randbedingungen die beste Anregbarkeit akustischer Eigenformen in der Nähe möglichst vieler Begrenzungsflächen zu erwarten ist. Die Messung der Membranbewegung erfolgt wiederum mit einem Beschleunigungsaufnehmer und das Mikrofon zur Messung des Schalldrucks ist mittig über der Lautsprechermembran platziert. Die Messung der Übertragungsfunktion von der Membranbeschleunigung zum Schall-

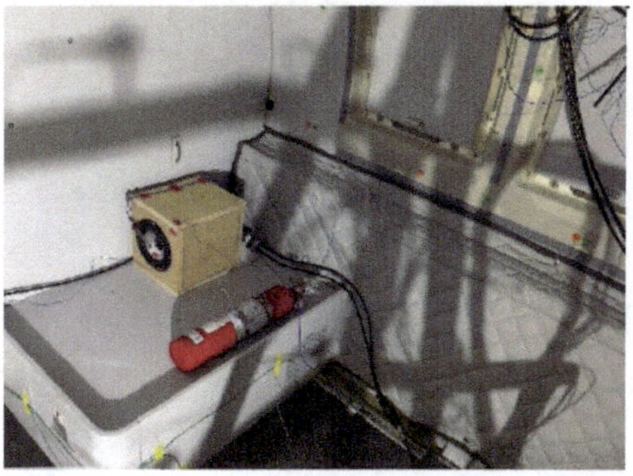

Abb. 3.8 Platzierung des Lautsprechers in ISTAR-Kabine, vgl. Abb. 3.2 und 3.3

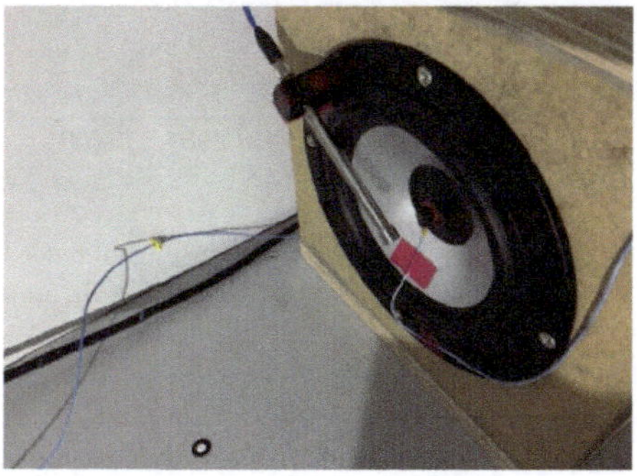

Abb. 3.9 Instrumentierung des Lautsprechers mit Beschleunigungssensor auf und Mikrofon vor der Membran, vgl. Abb. 3.6

druck am Mikrofon erfolgt in drei Ausrichtungen des Lautsprechers in die offenen Raumrichtungen der Kabine, vgl. Abb. 3.3. Für beide Grenzfälle des rein resonanten Verhaltens und einer Charakteristik ohne Schallreflektionen der Kabine ist dann ein richtungsunabhängiges Verhalten des Phasengangs zu erwarten. Für resonante Kavitätseigenschaften folgt dies aus der nahezu ungerichteten Abstrahlung des Lautsprechers im betrachteten Frequenzbereich, die, analog zu Abb. 3.7, einen Abfall des Phasengangs in der Nähe der Resonanzfrequenzen zur Folge hätte. Für eine reine Freifeld-Charakteristik der Kabinenakustik sollte die Übertragungsfunktion gänzlich, also auch in der Amplitude, von der Ausrichtung unabhängig sein. Die gemessenen Verläufe der Amplituden- und Phasengänge der Übertragungsfunktionen sind in Abb. 3.10 dargestellt.

Aufgrund eines deutlichen Amplitudenabfalls der Übertragungsfunktion unter 100 Hz bei Probemessungen, der im Datenblatt des verwendeten Lautsprechers bis 1 kHz näherungsweise omnidirektionalen Abstrahlcharakteristik [VIS23, S. 279] sowie den verfügbaren Optionen des verwendeten Signalgenerators liegt der betrachtete Frequenzbereich zwischen 120 Hz und 920 Hz.

Alle drei betrachteten Amplitudengänge weisen Überhöhungen von nur wenigen dB auf, was eine hohe Dämpfung des Systems nahelegt. Auch im Vergleich mit dem Amplitudengang des zuvor betrachteten Versuchsträgers liegt somit kein durch Resonanzen dominiertes System vor, vgl. Abb. 3.7. Die Phasengänge weisen ebenfalls

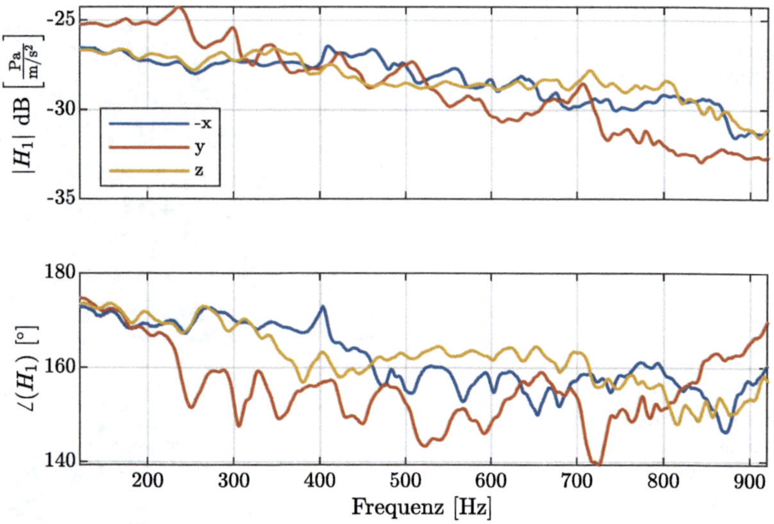

Abb. 3.10 Amplituden- und Phasengänge der Übertragungsfunktionen von Membranbeschleunigung zu Schalldruck vor der Membran für unterschiedliche Ausrichtungen des Lautsprechers in Abb. 3.8

keine klaren Indikatoren einer Resonanz wie 90°-Durchgänge auf. Allerdings sind zwischen den Übertragungsfunktionen bei Ausrichtung des Lautsprechers in x- oder z-Richtung und der Ausrichtung in y-Richtung deutliche Unterschiede erkennbar. Insbesondere im Bereich bis etwa 300 Hz liegt dieser Frequenzgang etwas oberhalb der anderen Frequenzgänge und weist deutlichere Überhöhungen auf.

Ein Vergleich der Phasengänge in diesem Frequenzbereich zeigt ebenfalls Unterschiede zwischen einer Anregung in y-Richtung und den anderen Lautsprecher-Ausrichtungen auf. Während die Phasengänge für x- und z-Richtung etwa parallel verlaufen, zeigt der Phasengang der y-Anregung deutlichere Abfälle und Anstiege, wobei die steilsten Abfälle jeweils im Bereich der Peaks des Amplitudengangs auftreten, was für zumindest die Beteiligung einer Resonanz am Antwortverhalten spricht. Die Änderungen der Phase bewegen sich allerdings in der Größenordnung von etwa 10°, also deutlich weniger als für das resonante Referenzsystem des Zylinders, vgl. Abb. 3.7.

Zur näheren Untersuchung der Systemantwort in diesem Frequenzbereich sind in Abb. 3.11 Real- und Imaginärteil der Übertragungsfunktion bei Ausrichtung des Lautsprechers in y-Richtung im Bereich von 200 Hz bis 280 Hz aufgetragen.

Der Verlauf des Realteils zeigt um die vermutete Resonanzfrequenz von 240 Hz unterhalb dieser Frequenz zunächst einen Abfall unter einen Mittelwert, dann einen starken Anstieg und schließlich wieder einen Abfall in Richtung des Mittelwerts. Der Imaginärteil weist hingegen unterhalb von etwa 240 Hz einen Anstieg von oberhalb dieser Frequenz einen Abfall zu einem Ausgangslevel auf. Auch dieses Verhalten weist auf das Vorliegen einer Resonanz, der nicht vernachlässigbare Mittelwert des

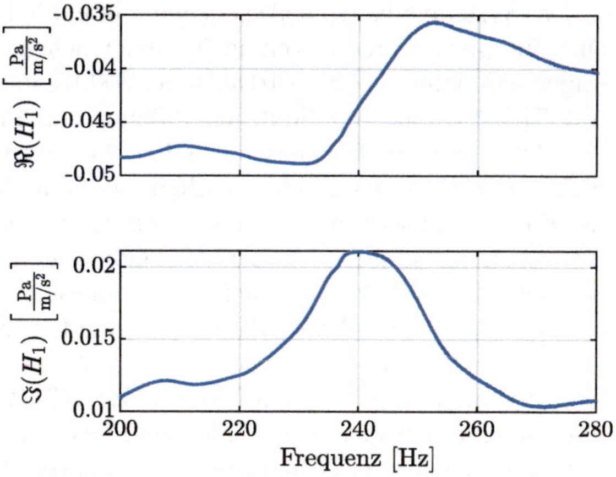

Abb. 3.11 Real- und Imaginärteil der Übertragungsfunktion bei Ausrichtung des Lautsprechers in y-Richtung im Bereich von 200 Hz bis 280 Hz

Realteils bzw. das Ausgangslevel des Imaginärteils allerdings auch auf ein Residuum, dessen Ursprung sowohl in weiteren Resonanzen außerhalb des betrachteten Frequenzbereichs, als auch in einem aktiven Anteil des vermessenen Schallfeldes liegen kann.

Die Untersuchungen anhand einzelner Punktübertragungsfunktionen abschließend sind in Abb. 3.12 Amplituden- und Phasengänge der Übertragungsfunktionen von Membranbeschleunigung zu Druckantwort an einem weiteren Mikrofon dargestellt. Die Lautsprecherposition wird dabei beibehalten und die Ausrichtung wie zuvor variiert. Jedoch befindet sich das Mikrofon nicht mehr direkt vor der Membran sondern auf der gegenüberliegenden Seite der Kabine am hinteren Kabinenende auf Höhe des Lautsprechers, vgl. Abb. 3.8 und 3.2. Diese Positionierung trägt der aufgrund der Richtungsabhängigkeit der bisher betrachteten Übertragungsfunktionen zu vermutenden Eigenschwingung in y-Richtung Rechnung.

Im zuvor betrachteten Frequenzbereich um 240 Hz zeigt sich zum einen ein einheitliches Verhalten des Phasengangs, zum anderen Überhöhungen des Amplitudengangs für alle betrachteten Lautsprecher-Ausrichtungen, wobei diejenige für die Ausrichtung in y-Richtung stärker ausgeprägt ist als für die anderen Richtungen. Somit liegen auch hier Indizien für zumindest die nicht zu vernachlässigende Beteiligung einer Eigenschwingungsform am Antwortverhalten des akustischen Systems auf die durch den Lautsprecher eingebrachte Volumenbeschleunigung vor.

Im übrigen Frequenzbereich sind die dargestellten Übertragungsfunktionen wiederum sowohl in Amplitude als auch Phase abhängig von der Ausrichtung des Lautsprechers. Sowohl Amplituden- als auch Phasengang decken dabei deutlich größere Wertebereiche ab als die zuvor kollokal gemessenen Übertragungsfunktionen. Die Pegel der Amplitudengänge liegen allerdings um Größenordnungen unterhalb derer der kollokalen Übertragungsfunktionen, was aufgrund der bzgl. der Kabinengeometrie symmetrischen Positionierung von Lautsprecher und Mikrofon ebenfalls gegen eine Dominanz stehender Wellen spricht.

Das Systemverhalten ließe sich über diese mögliche Resonanz bei 240 Hz hinaus auch für weitere Frequenzen analog untersuchen, bspw. weist die kollokale Übertragungsfunktion in Abb. 3.10 auch bei 700 Hz und Ausrichtung des Lautsprechers in y-Richtung eine Amplitudenüberhöhung und einen Abfall des Phasengangs auf. Ein global einheitlicher Phasengang liegt hingegen für Abb. 3.12 in dieser Frequenz nicht vor, sodass es sich hier möglicherweise nicht um eine Resonanz der gesamten Kabine, sondern um eine lokale Mode handeln könnte. Ziel der vorliegenden Untersuchung ist aber nicht die vollständige Identifikation der Kabinenakustik des Versuchsträgers. Bezug nehmend auf die diese Untersuchungen motivierende Forschungshypothese 1 deuten die dokumentierten Übertragungsfunktionen vielmehr allgemein auf die Existenz sowohl aktiver als auch reaktiver Anteile des durch den Lautsprecher erzeugten Schallfeldes in der ISTAR-Kabine. Zur genaueren Betrachtung ist neben der Phasenbeziehung zwischen Anregung und Antwort vor allem die Phasenbeziehung zwischen mehreren Punkten des Schallfeldes von Bedeutung. Diese untersucht der folgende Abschnitt unter Verwendung des in Abb. 3.2 vorgestellten Arrays und Identifikationsmethoden der experimentellen Modalanalyse.

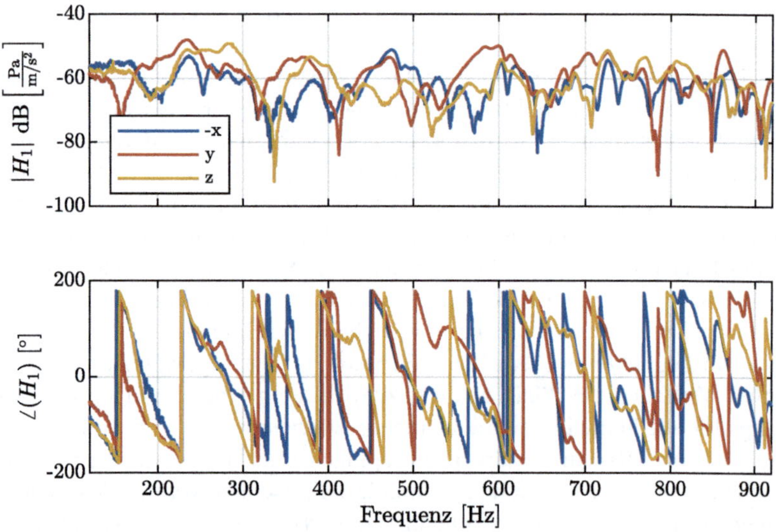

Abb. 3.12 Amplituden- und Phasengänge der Übertragungsfunktionen von Membranbeschleunigung zu Schalldruck auf der gegenüber liegenden Kabinenseite für unterschiedliche Ausrichtungen des Lautsprechers in Abb. 3.8

3.5 Quantifizierung des Anteils laufender Wellen durch modale Approximation

Der Aufbau zur Vermessung des Schallfeldes in Folge einer Anregung durch die zuvor eingeführte Quelle ist in Abb. 3.13 dargestellt.

Der Lautsprecher ist dabei direkt vor einem der Array-Mikrofone platziert, dieses ersetzt das zuvor am Gehäuse des Lautsprechers montierte Referenzmikrofon. Zur Vermessung erfolgt dann eine Verschiebung des Arrays sowie die Bestimmung der Übertragungsfunktionen von Membranbeschleunigung zu Druck an den jeweiligen Mikrofonpositionen. Verwendet werden hierbei zwei Lautsprecherpositionen, zu denen dann die Übertragungsfunktionen zu den Mikrofonen in den in Abb. 3.3 angedeuteten Messebenen bestimmt werden. Die Lage aller Mikrofonpositionen in Bezug auf das in Abb. 3.3 definierte Koordinatensystem ist in Abb. 3.14 dargestellt. Weiterhin ist die Lage der Referenzmikrofone bzw. der Anregungspositionen der Lautsprecher rot hervorgehoben.

Das Mikrofonarray deckt dabei jeweils nur eine halbe Messebene ab, vgl. Abb. 3.2. Eine vollständige Vermessung des akustischen Feldes in den 5 Messebenen erfordert somit 10 Einzelmessungen. Mit der Berücksichtigung von 2 Erregerpositionen ergibt sich das Gesamtsystem dann aus insgesamt 20 nacheinander erfolgenden Einzelmessungen der Übertragungsfunktionen.

Die Anregung des Lautsprechers für jede dieser Messungen erfolgt mit einem stochastischen, breitbandigen Signal. Zur Abtastung der Signale von Beschleunigungsaufnehmer und Mikrofonen ist bei einer Samplingfrequenz von 2 kHz ein analoges Tiefpassfilter mit einer Eckfrequenz von 500 Hz vorgeschaltet. Das arithmetische Mittel aller Kohärenzfunktionen $\overline{\gamma^2}$ zwischen Membranbeschleunigung und Druck am jeweiligen Mikrofon über 20 Mittlungen sowie die mittlere spektrale Beschleunigungsdichte $\overline{G_{LL}}$ der Lautsprechermembran sind in Abb. 3.15 im Bereich unterhalb der Eckfrequenz des analogen Filters dargestellt.

Die Kohärenzfunktion zeigt hierbei Werte kleiner 0,7 im Bereich unter 40 Hz sowie einen schmalbandigen Einbruch bei 50 Hz, sodass für die weitere Auswertung eine untere Frequenzgrenze von 60 Hz verwendet wird mit mittleren Werten der

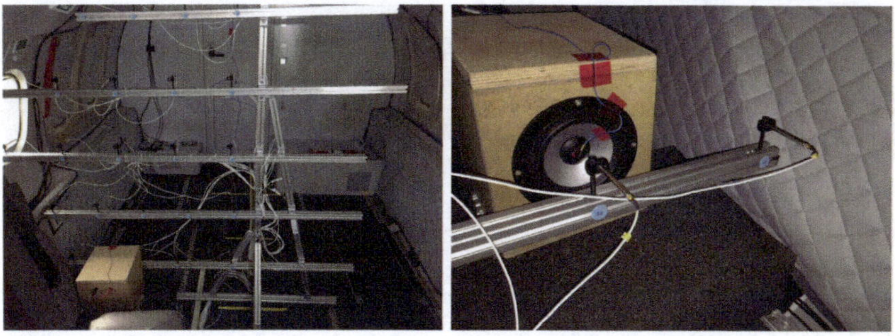

Abb. 3.13 Positionierung des Lautsprechers vor dem Mikrofonarray, vgl. Abb. 3.3

Kohärenzfunktionen über 0,9. Auch die mittlere spektrale Beschleunigungsdichte zeigt hier ein gleichmäßiges Anregungsniveau. Die betrachtete Größe der Membranbeschleunigung ist hierbei nicht geeignet zur Quantifizierung der akustischen Anregung sondern nur zur Absicherung einer gleichmäßigen Anregung über dem betrachteten Frequenzbereich. Ein Vergleich mit kommerziellen Volumenschallquellen wäre zwar nach Berücksichtigung der Membranfläche von 0,0079 m^2 möglich, ist hier aber aufgrund der fehlenden Kalibrierung der verwendeten Quelle nicht sinnvoll.

Die Zusammenführung der Einzelmessungen ergibt eine Matrix mit $n_L \times n_M$- bzw. 2×260 frequenzabhängigen Übertragungsfunktionen mit der Anzahl der Lautsprecherpositionen n_L sowie der Anzahl der Mikrofonpositionen n_M. Anstelle einer Betrachtung ausgewählter oder einer Überlagerung aller Übertragungsfunktionen bietet sich hier zur Darstellung des Systemverhaltens eine Singulärwertzerlegung

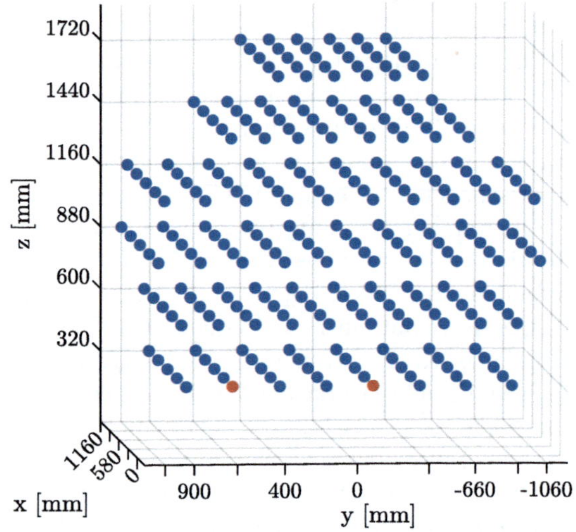

Abb. 3.14 Positionen der Lautsprecher (rot) und Mikrofone (blau und rot) Die zwecks Übersichtlichkeit der Darstellung fehlenden Maße des Messgitters ergeben sich aus der Äquidistanz in x-Richtung zu 290 mm und 870mm bzw. der Symmetrie in y-Richtung zu −900 mm, −400 mm, 660 und 1060 mm

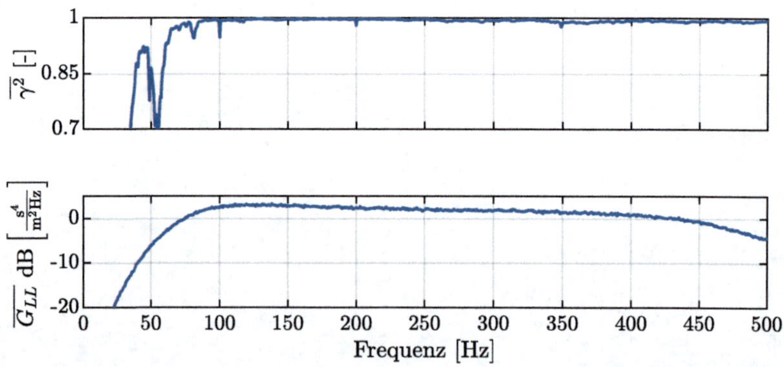

Abb. 3.15 Mittlere Kohärenz $\overline{\gamma^2}$ und mittlere spektrale Beschleunigungsdichte $\overline{G_{LL}}$ der Lautsprechermembran über alle Messungen

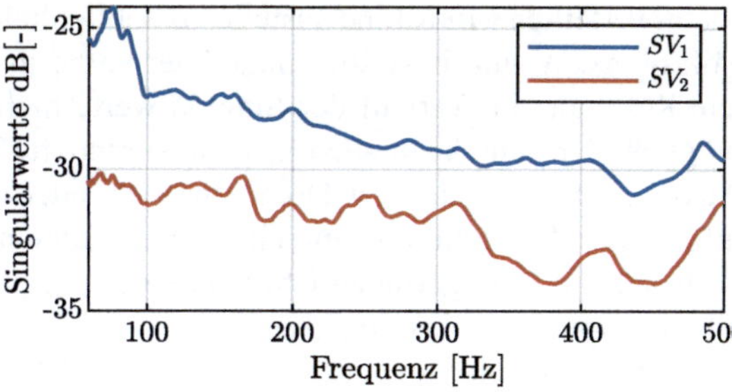

Abb. 3.16 Singulärwerte der Matrix der Übertragungsfunktionen über der Frequenz

dieser Matrix in den einzelnen Frequenzschritten an. Diese Zerlegung beschreibt die Matrix jedes Frequenzschritts als Produkt dreier Matrizen, bei denen es sich zum einen um orthogonale Matrizen aus rechts- und linksseitigen Singulärvektoren sowie um eine Diagonalmatrix mit den Singulärwerten handelt, die Singulärwerte sind hierbei reellwertig und größer oder gleich 0 [DR22, S. 183 ff.]. Sind weiterhin die links- und rechtsseitigen Singulärvektoren auf einen einheitlichen Betrag normiert, enthält die Matrix der Singulärwerte die Information über die mittlere Amplitude des betrachteten Frequenzschritts.

Weiterhin ermöglicht die Singulärwertzerlegung die bestmögliche Niedrigrangapproximation der betrachteten Matrix, also dem kleinstmöglichen Fehler bei der Rekonstruktion der Ausgangsmatrix durch Vernachlässigung kleiner Singulärwerte und ihrer zugehörigen Singulärvektoren [DR22, S. 204 ff.]. Diese Eigenschaft ermöglicht anhand eines Vergleichs der Singulärwerte eine Abschätzung der Anzahl unabhängiger Eigenformen, die an einer Schwingform beteiligt sind. In der experimentellen Modalanalyse wird die Singulärwertzerlegung der Frequenzgangsmatrix daher als Indikatorfunktionen zur Abschätzung der Lage und Anzahl beteiligter Eigenformen in einem zu untersuchenden Frequenzbereich genutzt, häufig unter der durch Shih u. a. [Shi+88] eingeführten Bezeichnung als „Complex Mode Indicator Function“ (CMIF). Spitzen im Verlauf des größten Singulärwerts deuten dann auf eine Eigenfrequenz, betragsmäßig ähnliche Spitzen von 2 oder mehr Singulärwerten nahe der gleichen Frequenz auf mehrere Moden mit ähnlicher Eigenfrequenz.

Die Anzahl der berechneten Singulärwerte ist hierbei durch die kleinere Dimension der Frequenzgangsmatrix bestimmt, in diesem Fall also der Anzahl der Lautsprecher. Der Verlauf von erstem und zweitem Singulärwert im Bereich von 60 Hz bis 500 Hz für die Matrix der gemessenen Übertragungsfunktionen ist in Abb. 3.16 dargestellt.

Die Verläufe von erstem und zweitem Singulärwert weisen, ähnlich den Amplitudengängen in Abb. 3.10, Überhöhungen von wenigen Dezibel auf, was die hohe akustische Dämpfung der Kabine weiter belegt, auch im Vergleich mit dem Frequenzgang im Referenzsystem des geschlossenen Zylinders in Abb. 3.7, der Überhöhungen in den Resonanzen von bis zu 20 dB zeigt. Auffällig ist zunächst die erhöhte Amplitude im zuvor aufgrund geringer Amplitude ausgeklammerten Bereich unter 100 Hz. Mögliche Gründe hierfür sind zum einen die gegenüber der vorherigen Messung veränderte Position der Anregung, zum anderen die Berücksichtigung aller im

Raum verteilten Mikrofone anstelle ausschließlich des vor der Membran platzierten Mikrofons. Weiterhin ist die anhand der vorherigen Messungen bei 240 Hz vermutete Resonanz im Verlauf der Singulärwerte nicht eindeutig wiederzufinden. Eine mögliche Ursache kann auch hier die veränderte Position der Anregung sein. Eine Aussage zur Existenz bzw. Dominanz stehender oder laufender akustischer Wellen infolge der durch die Lautsprecher eingebrachten Anregung ist aufgrund der zwar vorhandenen, aber geringen Überhöhungen der Singulärwertverläufe anhand dieser allein kaum sinnvoll zu treffen.

Hierzu wird im Folgenden das durch die Übertragungsfunktionen beschriebene Verhalten durch ein Modalmodell approximiert. Dieser Ansatz zielt auf eine Beschreibung des Systems durch die Überlagerung unabhängiger Einmassenschwinger und für sie charakteristischer Schwingformen, den Eigenformen. Eine ausreichende Qualität der Approximation vorausgesetzt, lassen sich diese Eigenformen dann auf ihren Anteil an stehenden und laufenden Wellen untersuchen. In dieser Arbeit wird zum Zweck der Approximation eine kommerzielle Implementierung[2] des RFP-Z-Algorithmus verwendet. Der Algorithmus nimmt die Impulsantwort des Gesamtsystems als in der Form

$$h(t) = \sum_{r=1}^{2n} A_r e^{s_r t} \tag{3.3}$$

beschreibbar an, mit der Anzahl modaler Freiheitsgrade n, den Polen s_r, die ungedämpfte Eigenfrequenz und Dämpfungswerte enthalten, sowie den modalen Beteiligungskoeffizienten A_r, die entweder als reelle Zahlen oder als komplex konjugiertes Paar auftreten. Die Bestimmung der modalen Parameter erfolgt dann durch die Formulierung und Zerlegung polynomialer Brüche, „Rational Fraction Polynomial“ (RFP), eine ausführliche Beschreibung des Verfahrens gibt bspw. Fasana [Fas09].

Der RFP-Z-Algorithmus setzt als Eingabeparameter insbesondere die Begrenzung auf einen Frequenzbereich sowie die Anzahl der modalen Freiheitsgrade der Approximation voraus. Ziel der Wahl des Frequenzbereichs ist zum einen der Einschluss aller interessierenden Eigenfrequenzen, zum anderen die Reduktion eines Einflusses von Residuen der Moden mit Eigenfrequenzen außerhalb des gewählten Bereichs. Die untere Grenze des auswertbaren Frequenzbereichs ist anhand der Kohärenzfunktion in Abb. 3.15 zu 60 Hz bestimmt. Zum Einschluss in die modale Approximation der Überhöhungen des Singulärwertverlaufs nahe dieser unteren Frequenzgrenze wird diese daher auch als Beginn des berücksichtigten Bereichs gewählt. Weiterhin ist im Bereich um 330 Hz ist ein Abfall beider Singulärwerte sowie eine gewisse Distanz zum nächsten Anstieg zu beobachten, dieser Wert wird daher als obere Frequenzgrenze der modalen Approximation gewählt.

Die Anzahl der in diesem Frequenzbereich vorhandenen Eigenformen ist aufgrund des Fehlens von scharfen Überhöhungen im Singulärwertverlauf an diesem nur schwer abzuschätzen. Ergänzend sind daher in Abb. 3.17 ausgewählte, auf ihren Maximalwert normierte Eigenformen der Druckverteilung sowie die zugehörigen

[2] Hottinger Brüel & Kjær A/S: BK Connect, Version 25.0.0.138.

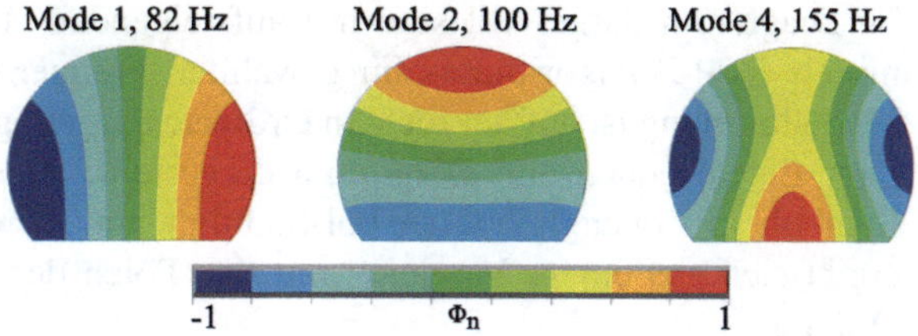

Abb. 3.17 Ausgewählte Eigenfrequenzen und Eigenformen des vereinfachten FE-Modells

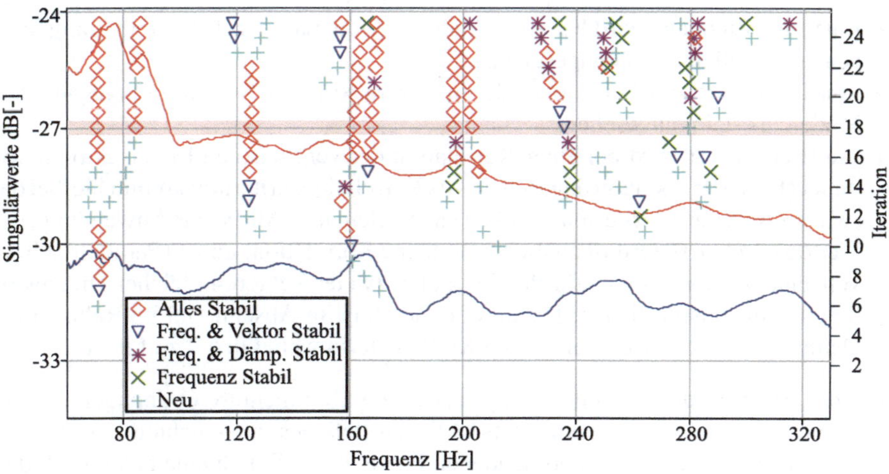

Abb. 3.18 Stabilitätsdiagramm der Approximation durch komplexe Eigenformen

Eigenfrequenzen eines stark vereinfachten finite Elemente-Modells der Kavität dargestellt.

Das Modell bildet lediglich den Rumpfdurchmesser von 2,35 m, die Kabinenhöhe von 1,88 m, die Schallgeschwindigkeit in Luft von 343 m s^{-1} sowie die Dichte von 1, 2kg m^{-3} ab. Die Diskretisierung erfolgt durch tetraedrische Elemente mit quadratischen Formfunktionen der Kanten[3], die Elementgröße ist dabei so gewählt, dass eine Auflösung von 10 Elementen pro akustischer Wellenlänge bis zu einer Frequenz von 500 Hz nicht unterschritten wird. Die Tiefe des Modells in Flugrichtung ist mit 0,06 m nahe der resultierenden maximalen Element-Kantenlänge von 0,07 m gewählt und das entstehende Volumen als allseitig schallhart berandet angenommen. Vernachlässigt sind somit sämtliche weitere Abweichungen von der Zylinderform, Absorption an den Randflächen sowie die Dimension der Kabine in Flugrichtung und somit eventuelle Moden mit einem Druckgradienten in dieser Richtung.

Ausgehend von diesem Vorwissen ist dann das in Abb. 3.18 dargestellte Stabilitätsdiagramm zu interpretieren.

Auf der linken Ordinate ist dabei die Amplitude der Singulärwerte aufgetragen, diese sind zur Referenz als rote bzw. blaue Kurve im Diagramm dargestellt. Weiterhin

[3] Fluid220, 10 Knoten je Element, ANSYS 2024 R1.

im Diagramm dargestellt sind mit aufsteigender Modellordnung nach Gl. 3.3 die mittels RFP-Z-Algorithmus im gewählten Frequenzbereich ermittelten Pole. Die Modellordnung ist auf der rechten Ordinate aufgetragen, die Pole sind entsprechend ihrer Eigenfrequenz im Diagramm dargestellt. Hierbei kommen unterschiedliche Symbole in Abhängigkeit der Pol-Stabilität zur Verwendung, Der Stabilitätsbegriff ergibt sich aus einem Vergleich mit den Polen des Modells der um 1 geringeren Ordnung:

- Eine Eigenfrequenz wird bei einer Änderung von maximal 1 % zum vorangegangenen Modell als stabil angesehen.
- Eine Dämpfung wird bei einer Änderung von maximal 20 % zum vorangegangenen Modell als stabil angesehen.
- Ein Eigenvektor wird bei einer Korrelation der verglichenen Eigenvektoren von mindestens 0,95 als stabil angesehen. Als Korrelationskriterium kommt hierbei das „Modal Assurance Criterion“ (MAC) nach Allemang [All03] zur Anwendung, das Werte zwischen 0 (Orthogonalität bzw. keine Korrelation) und 1 (Parallelität bzw. vollständige Korrelation) für den Vergleich zweier Vektoren gleicher Dimension liefert. Eine ausführlichere Diskussion hierzu ist in Abschn. 5.3 im Rahmen der Definition des identisch definierten KOR-Kriteriums in Gl. 5.2 zu finden.

Bei der Auswahl der Modellordnung spricht ein über mehrere Ordnungen stabiler Pol dann für das Vorliegen eines tatsächlichen Pols des untersuchten Systems, im Gegensatz zu nur numerisch vorhandenen Polen, die lediglich eine bessere Modellanpassung ergeben, allerdings zwischen verschiedenen Modellordnungen in ihren Parametern stärker schwanken. Zur Wahl der Modellordnung werden weiterhin folgende Anhaltspunkte zur Plausibilitätsprüfung herangezogen:

- Liegen die Pole der Modelliteration in der Nähe der Überhöhungen der Singulärwertverläufe und liegen umgekehrt in der Nähe von Frequenzgangsspitzen Pole des Modells?
  Dieses Kriterium wird umso bedeutender, je schwächer das System gedämpft ist, da sich dann in den Eigenfrequenzen besonders starke Überhöhungen der Systemantwort und somit der Singulärwerte einstellen. Aufgrund der geringen Amplituden und der daraus ableitbaren hohen Dämpfung des Singulärwertverlaufs ist dieses Kriterium zwar zu berücksichtigen, aber nicht alleinig ausreichend.
- Sind insbesondere nahe beieinander liegende Pole durch die Systemeigenschaften begründbar?
  Für aus mehreren Einzelmessungen zusammengeführte Datensätze wie dem vorliegenden kann sich zwischen zwei Messungen eine leichte Veränderung der Systemeigenschaften einstellen, hier beispielsweise durch eine Temperaturänderung in der Kabine oder die geänderte Position des Mikrofonarrays. Für Modelle höherer Ordnung ergibt sich dann eine verbesserte Approximation der Messdaten durch die Ergänzung weiterer Pole. Da diese aber nicht aus dem zu approximierenden Systemverhalten entstehen, sind hier die Pole der Modelle niedrigerer Ordnung ggf. sinnvoller. Zu beachten ist für die vermessene Kabine zudem, dass aufgrund der

ähnlichen Abmessungen in Höhen- und Breitenrichtung frequenzmäßig benachbarte Moden teilweise zu erwarten sind. Die Abschätzung einer plausiblen Anzahl Pole für das vorliegende System kann bspw. a-priori anhand der Eigenfrequenzen des vereinfachten FE-Modells erfolgen.

Als Kompromiss aus den aufgeführten Kriterien und Anhaltspunkten sind in Abb. 3.18 die Pole des Modells 18ter Ordnung hervorgehoben. Die sich ab dieser Ordnungen stabilisierenden Polpaare bei 80, 160 und 200 Hz sind einerseits aufgrund der vom FE-Modell prognostizierten, jeweils benachbart liegenden Eigenfrequenzen bei 82, 100, 147, 155, 212 und 217 Hz plausibilisiert[4], zum anderen aufgrund der jeweils vorhandenen Überhöhungen des ersten bzw. zweiten Singulärwerts. An Unterschieden im Frequenzbereich bis 200 Hz zwischen Modal- und FE-Modell sind zu nennen der im Modalmodell stabile Pol bei 120 Hz, welcher durch das FE-Modell nicht prognostiziert wird, sowie die 187 Hz-Mode des FE-Modells, welche in der modalen Approximation weder als Modell-Pol noch als Überhöhung der Singulärwerte zu finden ist.

Für den oberen Bereich der betrachteten Bandbreite weist Abb. 3.18 nur noch 2 weitere Pole bei 240 und 280 Hz aus. Dies entspricht einerseits nicht mehr der Vorhersage durch das FE-Modell, welches hier 5 weitere Eigenfrequenzen prognostiziert, zum anderen widerspricht der Befund der generellen Erwartung einer mit der Frequenz steigenden modalen Dichte. Als mögliche Ursache ist hier der flache Verlauf insbesondere des ersten Singulärwerts zu nennen, der falls in diesem Frequenzbereich Moden vorhanden sein sollten, eine starke Dämpfung und somit eine Resonanzüberhöhungen bei gleichzeitiger starker Überlappung dieser Moden nahelegt. Die Folge wäre eine geringe Stabilität der approximierten Pole, wie sie insbesondere oberhalb von 240 Hz mit steigender Modellordnung zu beobachten ist. Weiterhin fällt insbesondere der erste Singulärwert für diesen höheren Frequenzbereich gegenüber den Werten für den Bereich unterhalb von 200 Hz noch einmal ab, sodass eine im Sinne kleinster Fehlerquadrate bestmögliche Approximation die anhand der vorgegebenen Ordnung verfügbaren Pole eher im unteren Frequenzbereich konzentrieren wird.

Eine weitergehende Untersuchung bzw. Plausibilisierung der anhand Abb. 3.18 gewählten modalen Approximation mittels des FE-Modells würde neben dem Vergleich der gefundenen Eigenfrequenzen insbesondere eine Korrelationsbetrachtung der zugehörigen Eigenformen erfordern. Allerdings bildet das verwendete FE-Modell die Randbedingungen sowohl bzgl. Geometrie als auch Schallkennimpedanz nur sehr grob ab. Weiterhin ist das Ziel dieser Untersuchung weniger die vollständige Abbildung der vermessenen Kabinenakustik in einem Modalmodell als vielmehr die Untersuchung dieser Akustik auf das grundsätzliche Auftreten stehender oder laufender Wellen in der vermessenen Kabine sowie die Quantifizierung von Komplexitätsgraden. Die weitere Untersuchung erfolgt daher nicht anhand des vollständigen Frequenzbereichs, sondern durch Auswahl, Plausibilisierung und nähere Betrachtung einzelner Moden des approximierten Modells.

---

[4] Für den Frequenzbereich von 60 Hz bis 330 Hz liefert das FE-Modell Eigenfrequenzen bei 82, 100, 147, 155, 187, 212, 217, 244, 256, 275, 296, 304, 313 und 327 Hz.

Tab. 3.2 Eigenfrequenzen, Dämpfungen, Komplexitäten und Skalierungsfaktoren der modalen Approximation

Eigenfrequenzen [Hz]	Dämpfung [%]	MPC [%]	modal A [-]
71	8,4	92	1,00
84	6,7	37	0,54
124	9,5	39	0,46
161	7,9	17	0,57
167	4,1	56	0,11
196	4,2	38	0,09
203	3,8	3	0,15
235	1,4	19	0,05
279	0,7	6	0,02

Die wesentlichen Parameter der Pole des anhand Abb. 3.18 gewählten Modells und der zugehörigen Eigenformen sind in Tab. 3.2 aufgeführt.

Neben den Eigenfrequenzen und den modalen Dämpfungen sind hier die Größen „modal A" bzw. dessen auf den Maximalwert normierter Betrag und „MPC" aufgeführt. „MPC" bezeichnet hierbei nach Pappa u. a. [PES93] die „Modal Phase Collinearity", die im Folgenden als Komplexitätsmaß der betrachteten Eigenformen verwendet wird. Eine rein reelle Eigenform weist dabei Phasenbeziehungen von ausschließlich 0° oder 180° zwischen zwei Einträgen des Eigenvektors auf. Lässt sich eine Schwingung des Systems also durch ausschließlich diesen Eigenvektor beschreiben, erreichen alle Messpunkte zum gleichen Zeitpunkt ihre maximale bzw. minimale Auslenkung und ebenfalls zum gleichen Zeitpunkt eine Null-Auslenkung, es bildet sich eine stehende Welle aus. Mit steigender Komplexität weichen die Phasenbeziehungen der einzelnen Messpunkte von 0° und 180° ab, sodass die maximalen Auslenkungen bzw. Nulldurchgänge nicht mehr gleichzeitig erreicht werden. Dies ist insbesondere für laufende Wellen der Fall. Der MPC-Wert beschreibt nach Pappa u. a. [PES93] die Gesamtheit der mit der Amplitude gewichteten Phasenbeziehungen zwischen den Punkten eines Eigenvektors mit Werten zwischen 100 % für vollständig kollineare bzw. reelle Eigenvektoren und 0 % für vollständig komplexe Eigenvektoren mit unkorrelierter Phase. Eine umfassende Auseinandersetzung mit (strukturellen) komplexen Eigenformen sowie weiteren Komplexitätsindikatoren ist bspw. bei Unruh [Unr15, S. 64 ff.] zu finden.

Der Parameter *modal A* beschreibt nach Allemang und Brown [AB20, S. 565] die Beteiligung einer komplexen Mode an der Systemantwort auf eine breitbandige Anregung[5]. Beim *modal A*-Wert handelt es sich zunächst um eine komplexe Größe, die neben der Amplitudenskalierung auch eine Phaseninformation zur Lage des Eigenvektors in der komplexen Ebene beinhaltet. Da für die weitere Betrachtung nur

[5] Voraussetzung ist die Skalierung der Eigenformen anhand der Residuen A_r in Gl. 3.3 wie in der für diese Arbeit genutzten Implementierung des RFP-Z-Algorithmus.

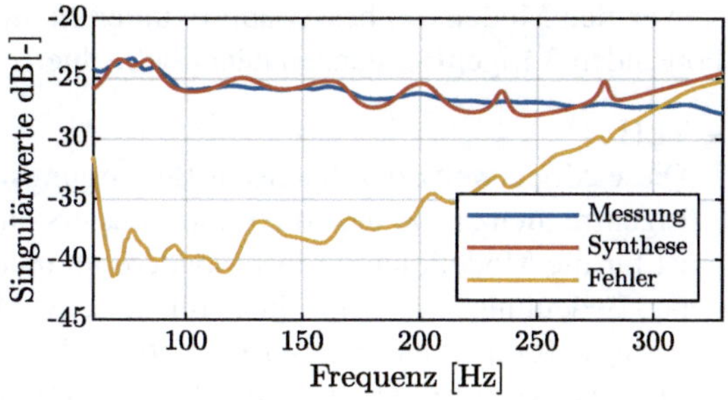

Abb. 3.19 Kombinierte Singulärwerte von gemessenen und anhand des Modalmodells synthetisierten Übertragungsfunktionen sowie des Synthesefehlers über der Frequenz

die relative Amplitude von Bedeutung ist, gibt Tab. 3.2 den auf den Maximalwert normierten Betrag an.

Anzumerken ist zunächst, dass die zuvor bereits in Frage gestellten Moden bei 235 und 279 Hz die geringsten Beteiligungskoeffizienten der betrachteten Moden aufweisen. Auch erscheinen die im Vergleich insbesondere mit den niederfrequenten Moden geringen Dämpfungswerte bei gleichzeitig flacherem Singulärwertverlauf in Abb. 3.18 in der Nähe der Eigenfrequenz wenig plausibel.

Eine weitere Möglichkeit zur Plausibilitätsprüfung bietet der Vergleich von gemessenen und anhand des approximierten Modalmodells synthetisierten Frequenzgängen. Dieser Vergleich ist anhand der kombinierten Singulärwerte für beide Lautsprecherpositionen in Abb. 3.19 dargestellt.

Aufgetragen über der Frequenz sind die Verläufe für gemessenes und synthetisiertes Modell sowie deren Differenz für jeden Messpunkt. Die Qualität der Approximation nimmt dabei offensichtlich mit steigender Frequenz ab. Während am unteren Ende des betrachteten Frequenzbereichs die Amplitude des Fehlers noch deutlich unterhalb der Messung liegt, ist er am oberen Ende gleich oder sogar größer der zu approximierenden Amplituden. Das Modalmodell ist somit nur im unteren Teil des betrachteten Frequenzbereichs zur Approximation der Messdaten geeignet, mit steigender Frequenz schlägt der gewählte Ansatz zunehmend fehl. Ein möglicher Grund ist die durch zunehmende Wirksamkeit dämpfender Elemente fehlende Reflektion der Schallwellen, sodass sich keine stehenden Wellen mehr ausbilden und die Annahme einer Abstrahlung in einen absorbierenden Raum gerechtfertigt ist. Hierfür sprechen auch die hohe Komplexität bzw. die geringen MPC-Werte der höheren Eigenfrequenzen in Tab. 3.2.

Möglich ist aber auch eine zu geringe Anregung der Moden höherer Frequenz. Hierfür sprechen die zuvor in Abschn. 3.4 bei 240 Hz gefundenen Resonanzindikatoren bei anderer Positionierung und Ausrichtung der akustischen Quelle. So diese Moden ihre maximale Amplitude am Rand und im hinteren Teil der Kabine aufweisen, wäre die in Abb. 3.8 bzw. 3.3 dargestellte Positionierung des Lautsprechers deutlich besser geeignet als die in Abb. 3.14 im Hinblick auf ihre Steuerbarkeit. Eine Klärung würde daher weitere Array-Messungen unter Variation der Quellstärke und -position erfordern und ist anhand der hier vorliegenden Messdaten nicht abschließend möglich.

Von den Moden des besser approximierten unteren Frequenzbereichs werden im Folgenden 3 Eigenfrequenzen näher betrachtet:

- 71 Hz
  Diese Mode weist den höchsten Beteiligungskoeffizienten auf und liegt in ihrer Eigenfrequenz nahe des Maximums des ersten Singulärwerts, vgl. Abb. 3.18. Sie ist für die Modellqualität insbesondere im unteren Frequenzbereich also von hoher Bedeutung. Weiterhin liegt für diese Mode ein hoher MPC-Wert, also eine geringe Komplexität im approximierten Modell vor. Aufgrund des hohen Dämpfungswertes und der ungleichmäßigen räumlichen Verteilung potenziell akustisch dämpfender Elemente in der Kabine wie dem Teppich am Kabinenboden und den Verkleidungsdecken unterhalb der Fenster wäre die Plausibilisierung dieser Mode ein Beleg für die Ausbildung stehender Wellen auch in stark und unregelmäßig bedämpften Kavitäten wie der vorliegenden.
- 167 Hz
  Diese Mode weist den zweithöchsten MPC-Wert der Eigenformen des approximierten Modells auf bei einer zwar geringeren, aber noch in der gleichen Größenordnung befindlichen Beteiligung gegenüber den benachbarten, tieferfrequenten Moden. Eine Plausibilisierung wäre ein weiterer Beleg für die Ausbildung stehender Wellen unter den genannten ungünstigen Bedingungen.
- 84 Hz
  Diese Mode weist mit einer ähnlichen Eigenfrequenz einen deutlich geringeren MPC-Wert als die 71 Hz-Mode bei nicht vernachlässigbarer Beteiligung auf. Eine Plausibilisierung dieser und der ersten Mode wäre daher ein Beleg für die Notwendigkeit der Berücksichtigung stehender und laufender Wellen bei der Modellierung einer Kabinenakustik gemäß Forschungshypothese 1.

Die Eigenform zur Eigenfrequenz bei 71 Hz ist in Abb. 3.20 dargestellt. Da die absolute Amplitude im weiteren nicht von Bedeutung ist, erfolgt eine Abbildung der auf ihren Maximalwert normierten Eigenform.

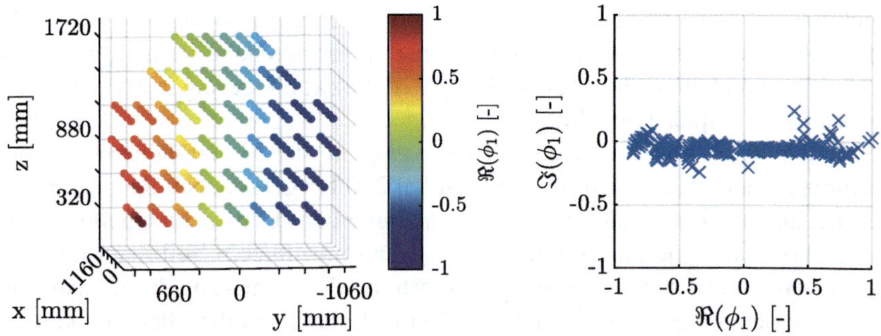

Abb. 3.20 Darstellung der akustischen Eigenform am Messgitter nach Abb. 3.14 bei 71 Hz anhand der maximalen Amplitude (links) sowie der Verteilung in der komplexen Ebene (rechts)

Die Amplitudenverteilung ist in zwei unterschiedlichen Formen abgebildet. Die Darstellung in der komplexen Ebene bildet für jeden Eintrag des Eigenvektors den Imaginärteil in Abhängigkeit des Realteils ab. Die sich so ergebende Punktewolke verdeutlicht die Aussage des MPC-Werts. Je stärker sich die einzelnen Punkte in dieser Wolke an einer gemeinsamen Ursprungsgeraden orientieren, desto geringer ist die Komplexität bzw. desto höher der MPC-Wert. Eine Schwingung dieser Eigenform ist dann als Drehung dieser Punktewolke um den Ursprung mit ihrer Eigenkreisfrequenz zu verstehen, die jeweils momentane Druckverteilung ergibt sich durch Auswertung des Realteils. Diese Druckverteilung erreicht ihre maximale Amplitude bei Ausrichtung der Punktewolke an der reellen Achse und ist in Abb. 3.20 links aufgetragen. Die Lage der einzelnen Punkte ist hierbei analog zur Einführung des Messgitters in Abb. 3.14 dargestellt, die normierten Druckwerte sind dann durch die farbliche Kodierung aufgetragen.

Die dargestellte Druckverteilung ist von der Tiefenrichtung der Kabine nahezu unabhängig und weist eine senkrechte Knotenebene auf. Die Eigenform lässt sich daher der numerisch prognostizierten Mode 1 in Abb. 3.17 zuordnen.

Die normierte Eigenform zur Eigenfrequenz bei 167 Hz ist in Abb. 3.21 dargestellt.

Die sich in der komplexen Ebene ergebende Punktewolke weist eine größere Ausdehnung quer zu ihrer Hauptrichtung auf als zuvor in Abb. 3.20, diese Beobachtung wird durch den geringeren MPC-Wert in Tab. 3.2 bestätigt und quantifiziert. Die Hauptrichtung, hier nahezu parallel zur reellen Achse, ist dennoch zu erkennen.

Die Darstellung der Druckverteilung erfolgt analog zu Abb. 3.20 durch Drehung der Punktewolke auf die reelle Achse und Auswertung der Realteile. Die Druckverteilung dieser Eigenform ist nicht mehr vollständig unabhängig von der Flugrichtungskoordinate. Dennoch bilden sich die Druckmaxima und -minima sowie die Knotenebenen überwiegend quer zur Flugrichtung aus. Die Eigenform lässt sich durch diese der numerisch prognostizierten Mode 4 in Abb. 3.17 zuordnen, die Eigenfrequenz des an die Messdaten approximierten Modalmodells liegt dabei um 8 % über der numerisch ermittelten.

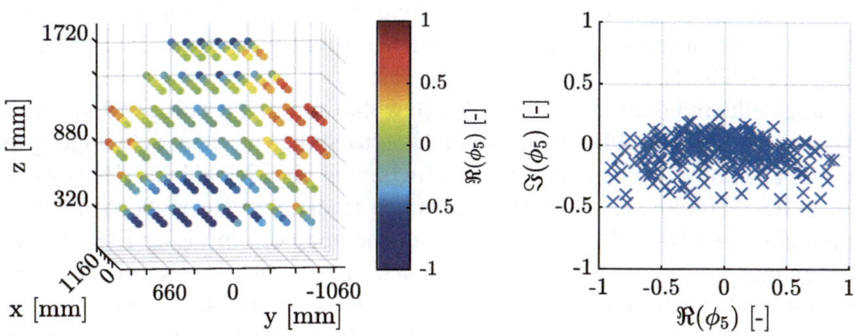

Abb. 3.21 Darstellung der akustischen Eigenform am Messgitter nach Abb. 3.14 bei 167 Hz anhand der maximalen Amplitude (links) sowie der Verteilung in der komplexen Ebene (rechts)

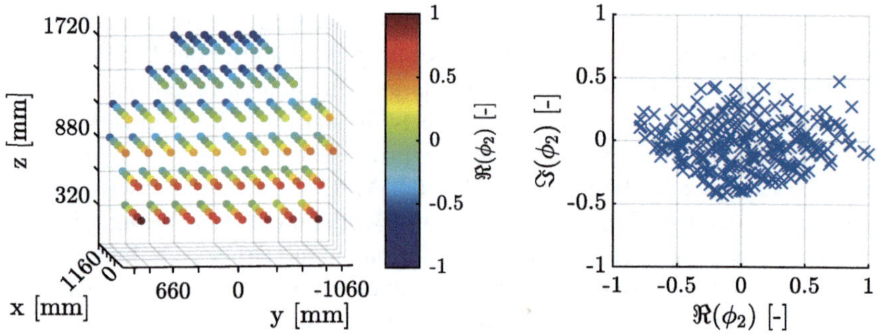

Abb. 3.22 Darstellung der akustischen Eigenform am Messgitter nach Abb. 3.14 bei 84 Hz anhand der maximalen Amplitude (links) sowie der Verteilung in der komplexen Ebene (rechts)

Beide potenziell stehende Wellen ausbildenden Moden sind somit anhand der beschriebenen Druckverteilungen sowie dem Vergleich mit der numerischen Abschätzung des FE-Modells weiter plausibilisiert, was die nicht vernachlässigbare Beteiligung stehender Wellen an der vermessenen Kabinenakustik belegt.

Die normierte Eigenform zur Eigenfrequenz bei 84 Hz ist in Abb. 3.22 dargestellt.

Die sich für diese Eigenform mit dem geringsten der 3 MPC-Werte in der komplexen Ebene ergebende Punktewolke weist eine gegenüber den zuvor dargestellten Eigenformen wiederum erweiterte Ausdehnung der Quer- zur Hauptrichtung auf. Die Darstellung der Druckverteilung zeigt zunächst Extremwerte an Himmel und Boden der Kabine mit einer Knotenebene auf mittlerer Höhe. Ein Vergleich mit Abb. 3.17 lässt aufgrund der Lage von Extremwerten und Knotenlinie wiederum die Zuordnung von simulierter und an Messdaten approximierter Eigenform zu. Die Eigenfrequenz des FE-Modells liegt dabei um 16 % über der aus der Messung extrahierten.

Während die gewählte Darstellung der Eigenform den Vergleich mit den Ergebnissen der simulativen Abschätzung ermöglicht, gibt sie keine Auskunft über die Ausprägung der anhand der in Abb. 3.22, rechts, aufgetragenen Punktewolke erwarteten Phasenabhängigkeit der Druckverteilung. Zur näheren Betrachtung der Ausbildung dieser Komplexität zeigt Abb. 3.23 daher 4 unterschiedliche Phasenlagen der Eigenform bei 84 Hz.

Dargestellt sind die Realteile der Punktewolke an ihren jeweiligen Messpunkten für 4 Zeitpunkte bzw. Phasenlagen der Hauptrichtung in einer Schwingungsperiode. Neben dem stehenden Anteil der Schwingung, der sich anhand des konstanten Betrags des Verhältnisses der Extremwerte an Boden und Decke beobachten lässt, ermöglicht diese Darstellung auch eine Beobachtung des in dieser Eigenform enthaltenen laufenden Anteils. Dieser äußert sich insbesondere am Kabinenhimmel im wechselnden Verhältnis der Extremwerte in vorderster und hinterster Reihe in Tiefenrichtung. Dies deutet auf eine laufende Welle in Richtung des hinteren Druckschotts der Kabine. Die sich so ergebende partiell stehende, partiell laufende Welle belegt

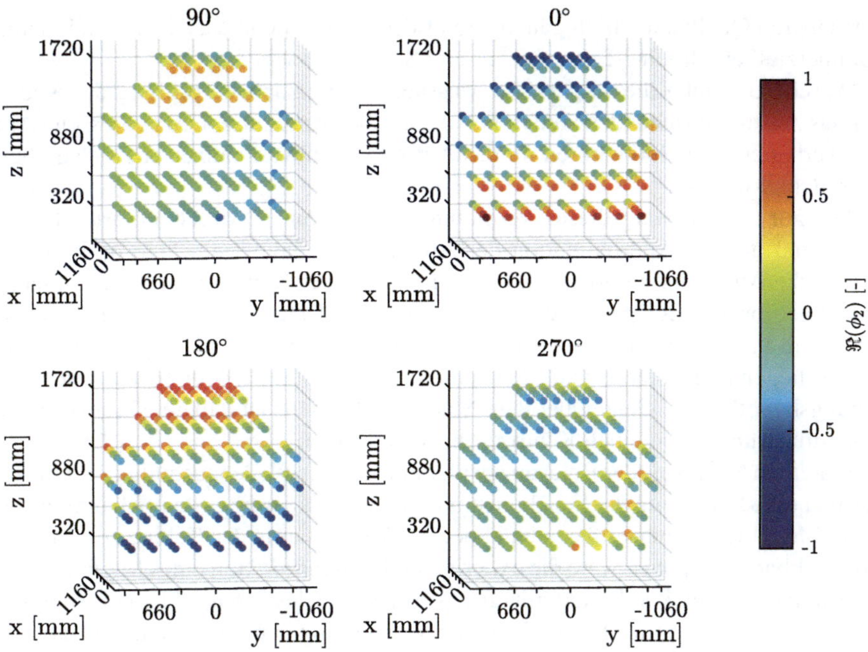

Abb. 3.23 Amplitudenverteilungen am Messgitter nach Abb. 3.14 für die Phasenlagen 0°, 90°, 180° und 270° der komplexen akustischen Eigenform bei 84 Hz, vgl. Abb. 3.22

die Existenz und aufgrund ihrer modalen Beteiligung auch die Bedeutung der Berücksichtigung sowohl stehender als auch laufender Wellen bei der Abbildung einer Kabinenakustik in einem identifizierten Streckenmodell.

3.6 Erkenntnisse

Ausgangspunkt dieses Kapitels ist Forschungsfrage 1 nach dem Verhältnis stehender und laufender Wellen in technisch realisierten Kavitäten. Der in Abschn. 3.1 hierzu dokumentierte Stand des Wissens zeigt, dass das gleichzeitige Auftreten stehender und laufender Wellen zwar qualitativ, jedoch nicht quantitativ dokumentiert ist. Insbesondere Werte für die Komplexität von akustischen Eigenformen sind in der Literatur nicht zu finden.

In dieser Arbeit wird daher erstmals eine Quantifizierung der Komplexität akustischer Eigenformen in einer technisch realisierten Kavität vorgenommen. Anhand des für diese Arbeit zur Verfügung stehenden Versuchsträgers des DLR-ISTAR-Jets entwickelt und validiert Abschn. 3.3 zunächst die benötigte akustische Quelle zur Identifikation der akustischen modalen Parameter der Flugzeugkabine. Insbesondere weisen die Ergebnisse die Vergleichbarkeit einer gegenüber kommerziell verfügbaren Quellen deutlich günstigeren Lösung bestehend aus einer Kombination kommerziell erhältlicher Lautsprecher und Sensoren nach.

Abschn. 3.4 nutzt die so geprüfte Messausrüstung zur Überprüfung der Kabine auf das Auftreten stehender Wellen bei akustischer Anregung. Das gemessene Antwortverhalten weist Indikatoren für das Auftreten von Resonanzen auf, belegt diese aber nicht vollständig.

Die zur Absicherung dieser Vermutung in Abschn. 3.5 durchgeführte Bestimmung und modale Approximation der Antwort der Kavität auf eine tieffrequente akustische Anregung liefert durch Quantifizierung der Komplexität der resultierenden Eigenformen Belege für das Auftreten sowohl stehender als auch laufender Wellen in unmittelbarer frequenzmäßiger Nähe. Diese Ergebnisse plausibilisieren das Vorliegen relevanter sowohl stehender als auch laufender Wellen und somit Forschungshypothese 1. Gegenüber dem Stand des Wissens ist dabei insbesondere die Quantifizierung durch einen Kennwert hervorzuheben.

Für einen Nachweis der Relevanz beider Formen der Wellenausbildung für die experimentelle Reduktion der Schalleinstrahlung wären allerdings deutlich umfangreichere Messungen unter Einbeziehung der Strukturdynamik der Kabine erforderlich. Ein denkbares Vorgehen wäre die experimentelle Identifikation eines Modalmodells der Kabinenakustik kombiniert mit einer Vermessung des Schallfeldes bei Anregung und gleichzeitig räumlich hochaufgelöster Vermessung von Elementen der Kabinenverkleidung. Derartige Daten würden die Validierung von Modellierungsansätzen auf Basis einer Freifeldannahme, eines Modalmodells oder einer gemischten Formulierung ermöglichen.

Vorbehaltlich solcher weiterführender Untersuchungen deuten die Ergebnisse dieses Kapitels auf die relevante Beteiligung stehender Wellen am Antwortverhalten technisch realisierter Kavitäten. Liegen insbesondere reelle Eigenformen vor, ist eine effiziente Methode zur Beschreibung ihrer Anregung wie die durch Hesse vorgeschlagene von hohem Wert.

Neben der Annahme der Orthogonalität der akustischen Eigenformen spielt auch die Annahme schwacher Kopplung eine wesentliche Rolle bei der von Hesse vorgeschlagenen Formulierung der Schalleinstrahlung. Unter der Annahme reeller Eigenformen befasst sich das folgende Kapitel daher mit Möglichkeiten zur Bestimmung der Kopplungsstärke der Teilsysteme Struktur und Fluid.

Kapitel 4
Quantifizierbarkeit der Kopplungsstärke

Dieses Kapitel behandelt die in Abschn. 2.2 aufgeworfene Forschungsfrage 2 bzgl. der Quantifizierbarkeit der Kopplungsstärke in einem Fluid-Struktur-System im Hinblick auf die Zulässigkeit der Annahme schwacher Kopplung. Hierzu teilt Abschn. 4.1 ein, zwischen welchen Kopplungsarten zu unterscheiden ist und definiert die Fälle, für die eine solche Quantifizierung umsetzbar sein sollte. Unterkapitel 4.2 identifiziert und strukturiert auf Basis dieser Anforderungen veröffentlichte Arbeiten zur Beurteilung der Kopplungsstärke dynamischer Teilsysteme. Anhand der identifizierten Methoden und Lücken im Stand des Wissens entwickelt Abschn. 4.3 Forschungs- und Arbeitshypothesen zur Formulierung und Validierung eines geeigneten Kriteriums zur Quantifizierung der Kopplungsstärke im niederfrequenten Bereich von Fluid-Struktur-Systemen. Zur Prüfung dieser Hypothesen definiert Abschn. 4.4 geeignete Testfälle und prüft an diesen die formulierten Hypothesen. Die Erkenntnisse dieses Kapitels führt abschließend Unterkapitel 4.5 zusammen.

4.1 Kopplungsstärke im Kontext strukturakustischer Regelung auf Basis von Schalleinstrahlungsformen

Grundlage der Erweiterung der strukturellen Regelstrecke um Schalleinstrahlungsfilter sind die sortierten Singulärvektoren und -werte der IIE. Die publizierten experimentellen und numerischen Arbeiten zur Umsetzung einer solchen Regelung bestimmen die Singulärvektoren aus den analytisch bestimmten Eigenvektoren der entkoppelten Kavität. Die numerischen Untersuchungen verwenden für die Singulärwerte ebenfalls die analytische Lösung [Hes18], die experimentellen Publikationen nutzen die gemessenen Eigenfrequenzen und Dämpfungen des gekoppelten Fluidvolumens als Parameter der analytischen Lösung [Hes16, S. 83 f., Hes+17]. Ziel einer

B. Hölscher, *Voraussetzungen der Existenz frequenzunabhängiger Schalleinstrahlungsformen*, Mechanics and Adaptronics,
https://doi.org/10.1007/978-3-662-72139-1_4

Kopplungsquantifizierung vor dem Hintergrund einer schalleinstrahlungsformenbasierten Regelung ist somit eine Aussage zur Änderung der Singulärvektoren und -werte der IIE zum entkoppelten Fall. Für mögliche Auswirkungen der Kopplung von Struktur und eingeschlossenem Fluid kommen daher drei Fälle in Betracht:

1. **Schwache Kopplung**
   Die Singulärvektoren und -werte der gekoppelten IIE stimmen mit denen der entkoppelten überein. Die Verwendung der entkoppelten akustischen Eigenvektoren der Kavität zur Berechnung der Schalleinstrahlungsformen und -effizienzen ist in diesem Fall zulässig.
2. **Partielle Kopplung**
   Die Singulärvektoren der IIE stimmen mit denen der entkoppelten überein, die Singulärwerte nicht. Die Verwendung der entkoppelten akustischen Eigenvektoren der Kavität zur Berechnung der Schalleinstrahlungsformen wäre hier zulässig, die Ermittlung der Schalleinstrahlungseffizienzen müsste hingegen entweder experimentell oder durch eine gekoppelte Rechnung erfolgen.
   Ein solches Szenario ist beispielsweise bei einer Resonanzkoinzidenz der Teilsysteme, wie von Schultz und Davis [SD18] oder Fowler u. a. [Fow+18] beschrieben, zu erwarten. Ähnlich einem mechanischen Tilger bilden sich die Eigenformen des gekoppelten Systems aus gleich- und gegenphasig schwingenden Formen der Teilsysteme aus, mit der gleichphasigen unterhalb und der gegenphasigen oberhalb der ursprünglichen Resonanzfrequenz. Bei Identität von Teilsystemschwingform und entkoppelter akustischer Eigenform bliebe die Frequenzunabhängigkeit und Orthogonalität der Schalleinstrahlungsformen jedoch unberührt. Für die Schalleinstrahlungseffizienzen wäre hingegen zu prüfen, ob sie sich für offenen und geschlossenen strukturakustischen Regelkreis unterscheiden, da eine strukturelle Beeinflussung eine Änderung der entkoppelten strukturellen Eigenfrequenzen und -formen zur Folge hätte.
3. **Starke Kopplung**
   Weder die Singulärvektoren noch die Singulärwertverläufe der gekoppelten IIE stimmen mit der entkoppelten Referenz überein. In diesem Fall wären sowohl Schalleinstrahlungsformen als auch -effizienzen experimentell oder durch eine gekoppelte Rechnung zu bestimmen.
   Dieses Szenario ist beispielsweise bei geringer mechanischer Impedanz der strukturellen Berandung zu erwarten, z. B. aufgrund geringer Masse bzw. Dichte. Dies würde die Ausbildung globaler Moden des gekoppelten Systems begünstigen, in denen sich die Moden der entkoppelten Teilsysteme nicht wiederfinden. Hier wäre sowohl für die Schalleinstrahlungseffizienzen als auch die -formen zu prüfen, ob sie sich für offenen und geschlossenen strukturakustischen Regelkreis unterscheiden.

Neben der Quantifizierbarkeit der Kopplungsstärke der Teilsysteme nach der Kopplung ist insbesondere zu berücksichtigen, dass die Eigenfrequenzen und -formen der entkoppelten Teilsysteme bei experimentellen Untersuchungen nicht oder nur mit hohem Aufwand sicher zu ermitteln sind, da Struktur und eingeschlossenes Luftvolumen hierfür in-vacuo bzw. mit schallharter Berandung verfügbar sein müssten.

Ein geeignetes Verfahren zur Quantifizierung der Kopplung sollte daher auch für Fälle anwendbar sein, in denen nur das gekoppelte Gesamtsystem verfügbar und ein Vergleich mit dem Verhalten der entkoppelten Teilsysteme nicht möglich ist. Im Hinblick auf diese Anforderung sowie die oben aufgeführten Fälle der Kopplung erarbeitet und strukturiert das folgende Unterkapitel 4.2 publizierte Methoden zur Kopplungsquantifizierung schwingungsfähiger Teilsysteme.

4.2 Stand des Wissens zur Bewertung der Kopplungsstärke dynamischer Systeme

Die den folgenden Abschnitten zugrunde liegende Recherchefrage ergibt sich als Erweiterung der in Abschn. 2.2 entwickelten Forschungsfrage. Ziel ist nicht nur die Identifikation von publizierten Methoden der Kopplungsquantifizierung zwischen einem eingeschlossenen Luftvolumen und der umgebenden Struktur, sondern auch die Berücksichtigung verwandter Probleme, aus denen sich eine solche Methode ggf. ableiten lässt. Die wesentlichen Aspekte sind daher zunächst nur die Existenz von Teilsystemen sowie deren Kopplung bzw. Austausch von Energie, bedingt durch Schwingungen beliebiger Art in diesen Teilsystemen. Die so entwickelte Recherchefrage lautet dann:

Recherchefrage 2 Kriterien zur Quantifizierung der Teilsystemkopplung
Existiert eine Indikatorfunktion, mit der sich die Stärke der Kopplung zwischen Teilsystemen, die durch Schwingungen Energie austauschen, quantifizieren lässt?

Die folgenden Abschnitte gliedern die auf Basis dieser Frage identifizierten Publikationen in drei Gruppen. Abschn. 4.2.1 behandelt Veröffentlichungen mit unmittelbarem Bezug zu Forschungsfrage 2, der Kopplung zwischen Fluid und Struktur im niederfrequenten Bereich. Abschn. 4.2.2 ist befasst mit der Kopplungsbewertung im Rahmen der statistischen Energie-Analyse (SEA), einer verbreiteten Methode zur Beschreibung des dynamischen Verhaltens meist mechanischer Ensembles von Teilsystemen im höherfrequenten Bereich. Publikationen zur Kopplung in Ensembles, die sich nicht den ersten beiden Kategorien zuordnen lassen, strukturiert und beschreibt Abschn. 4.2.3. Die Befunde dieser drei Segmente trägt abschließend Passage 4.2.4 zusammen.

4.2.1 Fluid-Struktur-Kopplung im niederfrequenten Bereich

Die folgenden Abschn. 4.2.1.1 bis 4.2.1.4 behandeln Arbeiten ohne explizite oder implizite untere Frequenzgrenze des Anwendungsfalls, die sich mit der Kopplung einer schwingenden Struktur mit einem angrenzenden eingeschlossenen Luftvolumen befassen. Eine tabellarische Übersicht der ausgewerteten Publikationen sowie ein Fazit zu deren Relevanz im Hinblick auf Forschungsfrage 2 sind anschließend in Abschn. 4.2.1.5 zu finden.

4.2.1.1 Globale Material- und Geometriekennwerte

Atalla und Bernhard [AB94] stellen publizierte numerische Methoden zur Untersuchung strukturakustischer Probleme zusammen. Motiviert durch die Vereinfachung des Vorgehens im Fall einer schwachen Kopplung schlagen die Autoren einen Kennwert zur Kopplungsquantifizierung vor. Berücksichtigt werden zu diesem Zweck lediglich wenige, allgemeine Materialparameter in einem Quotienten. Steigende Dichte und Schallgeschwindigkeit des Fluides erhöhen den vorgeschlagenen Kennwert, steigende Strukturdichte, Strukturdicke und Anregungsfrequenz senken ihn und somit die postulierte Kopplungsstärke. Der Parameter Strukturdicke wird dabei als „characteristic thickness of the structure“ eingeführt, allerdings nicht weiter erläutert. Trotz der allgemeinen Natur der verwendeten Parameter geben die Autoren einen scharfen Grenzwert von 1 für ihren Quotienten an, für größere Werte liegt demnach starke, für kleinere schwache Kopplung vor. Da für ein gegebenes System die Anregungsfrequenz der einzige variable Parameter ist, folgt aus den obigen Ausführungen eine systemspezifische Frequenzgrenze, unterhalb derer starke, oberhalb hingegen schwache Kopplung vorliegt.

Das vorgeschlagene Kriterium ist zunächst als Faustformel anwendbar zur Abschätzung einer solchen Frequenzgrenze. Blech [Ble22, S. 122 f.] findet für die Berechnung einer Flugzeugkabine mit rudimentärer Ausstattung eine Frequenzgrenze, die das Ergebnis einer detaillierten, vollständig gekoppelten Simulation um etwa 50 % überschätzt. Eine verbesserte Übereinstimmung gekoppelter und ungekoppelter Eigenfrequenzen oberhalb der vorgeschlagenen Frequenzgrenze ist auch bei Hesse [Hes16, S. 18 f. i. V. m. S. 107 f.] zu finden. Atalla und Bernhard weisen jedoch auf die Unzulänglichkeiten der getroffenen Vereinfachungen hin, insbesondere der Nichtberücksichtigung geometrischer Parameter. Die Autoren führen hierfür das Beispiel einer Platte vor flacher Kavität an, bei der die Kopplung von Luftvolumen und Platte eine erhebliche Rolle spiele. Aber auch die von Schultz und Davis [SD18] beobachteten Tilgungseffekte durch Resonanzkopplungen stehen im Gegensatz zur Vorstellung einer unteren Frequenzgrenze der schwachen Kopplung. So sind je nach Anzahl der koppelnden Modenpaare ein oder mehrere Frequenzbänder mit starker Kopplung denkbar, die von Bändern mit schwacher Kopplung umgeben sind, statt einem niedrigen Frequenzbereich mit starker und einem hohen mit schwacher Kopplung.

Das vorgeschlagene Kriterium erscheint daher nicht für eine detaillierte Untersuchung der Kopplungsstärke eines gekoppelten Systems geeignet.

4.2.1.2 Amplitudenverhältnis

Fowler u. a. [Fow+18] untersuchen Möglichkeiten zur Reduktion von Resonanzkopplungen am Beispiel eines dickwandigen Aluminiumrohrs mit eingeschlossenem Luftvolumen. Eine experimentelle Untersuchung des gekoppelten Systems zeigt, ähnlich zu [SD18], ein Verhalten, das dem eines rein mechanischen Systems mit Tilger ähnelt. Die strukturelle, kollokale Übertragungsfunktion im Anregungspunkt bildet zwei Resonanzspitzen mit einer Antiresonanz zwischen ihnen aus, eine Modalanalyse ergibt Modenpaare, bei denen die Eigenformanteile der Teilsysteme identisch, die Phasenbeziehungen zwischen diesen Anteilen aber entgegengesetzt sind. Ebenfalls konsistent mit der Analogie zum mechanischen Tilger führt die Verstimmung des strukturellen Teilsystems durch Hinzufügen von Masse oder die zusätzliche Dämpfung des akustischen Teilsystems durch Hinzufügen von absorbierendem Material zu einer Verringerung des Kopplungseffekt. Zu bemerken ist im Hinblick auf das Kriterium in [AB94] noch, dass die Resonanzkopplung in einem Frequenzbereich auftritt, für den aufgrund von Dicke und Material der Struktur im Vergleich mit den Ergebnissen bei Hesse [Hes16, S. 18 f.] schwache Kopplung zu erwarten wäre.

Zur Bewertung der Kopplungsstärke zwischen strukturellem und akustischem Teilsystem führen die Autoren einen sogenannten Vergrößerungsfaktor[1] ein. Dieser Faktor ist definiert als das frequenzabhängige Verhältnis zwischen dem Amplitudengang der Übertragungsfunktion einer Strukturanregung zum Schalldruck an einer bestimmten Stelle in der Kavität und dem Amplitudengang der gleichen Anregung zur mittleren Strukturschwingungsamplitude.

In Bezug auf die eingangs formulierten Anforderungen an das gesuchte Kopplungskriterium ist die Bestimmung dieses Maßes experimentell leicht realisierbar, da es durch eine Anregung per Impulshammer mit nur jeweils einem strukturellen und akustischen Sensor ermittelt werden kann. Für die numerische Umsetzung erfordern die im Quotienten verwendeten frequenzabhängigen Übertragungsfunktionen allerdings eine harmonische Analyse mit, je nach Stärke der Dämpfung, ggf. hoher Frequenzauflösung, um auch Kopplungseffekte in schmalbandigen Resonanzüberhöhungen zu detektieren. In Bezug auf die Eingangsfragestellung bewertet dieses Kriterium konstruktionsbedingt zudem nicht die Art der Kopplung, also die Beeinflussung der Schwingformen und Vergrößerungsfunktionen im Vergleich zu den entkoppelten Teilsystemen, sondern die Anregbarkeit der Fluid- durch Schwingungen der Strukturdomäne. So treten hohe Ausschläge des Kriteriums in den veröffentlichten Messungen insbesondere dort auf, wo Druckspitzen durch relativ geringe strukturelle Amplituden verursacht werden. Dieser Ansatz birgt daher die Gefahr, dass für Frequenzen, in denen fluiddominierte, also schwach gekoppelte Moden das

[1] „magnification factor" im englischen Original.

Antwortverhalten bestimmen, eine stärkere Kopplung ausgewiesen wird als für die eigentlich gesuchten globalen Moden, für die beide Teilsysteme aufgrund ihrer Beteiligung hohe Amplituden aufweisen. Das Eignungspotential dieses Kriteriums als Kopplungsmaß bezüglich einer Änderung der Singulärvektoren und -werte der IIE erscheint daher eher gering.

4.2.1.3 Änderung modaler Parameter

Pan und Bies [PB90] untersuchen in einer numerischen Studie das Abklingverhalten des Schallfelds in einem akustischen Hohlraum, der aus einem von starren Wänden umschlossenen Luftvolumen und einer flexiblen Platte besteht. Die Autoren beschreiben die Kopplung der Teilsysteme Luftvolumen und flexible Platte auf der Grundlage ihrer ungekoppelten Moden. Unter der Annahme einer schwachen Kopplung gehen sie davon aus, dass die gekoppelten Systemmoden entweder als von der Platte oder vom Hohlraum kontrolliert beschrieben werden können, bzw. dass der größte Teil der Energie einer Mode im jeweils dominanten Teilsystem gespeichert ist. Als schwache Kopplung bezeichnen Pan und Bies eine Kopplung, bei der die Bewegung jedes Teilsystems im Falle einer Kopplung nicht stark von der des ungekoppelten Teilsystems abweicht, so dass die gekoppelten Moden durch eine begrenzte Menge der ungekoppelten Moden der Teilsysteme dargestellt werden können.

Spezifische Kriterien für die Bewertung der Kopplungsstärke nennen die Autoren nicht, jedoch bieten sich ein Energieverhältnis der Teilsysteme oder die Konvergenzgeschwindigkeit bei der Beschreibung der gekoppelten durch die entkoppelten Moden an. Im Hinblick auf die Umsetzung in einem experimentellen Aufbau (vgl. Abschn. 4.1) erscheint die Konvergenzgeschwindigkeit allerdings weniger geeignet, da die entkoppelten Eigenformen ggf. nicht bekannt sind.

Davis [Dav17] entwickelt ein Vorgehen zur Vorhersage der Interaktion zwischen schwingender Struktur und eingeschlossenem Fluid und schlägt dabei ein Maß vor, um die Neigung zur Kopplung von strukturellen und akustischen Moden zu bewerten. Das Kriterium gibt für jedes Modenpaar einen Kennwert zur geometrischen Ähnlichkeit an der Interaktionsfläche an. Diesem Maß liegt allerdings die Annahme einer Unveränderlichkeit der Eigenformanteile der Teilsysteme zugrunde. Der in Abschn. 4.1 definierte Fall der starken Kopplung ist somit von vornherein nicht vorgesehen. Die Berechnung des vorgeschlagenen Kennwerts erfordert darüber hinaus die Kenntnis der entkoppelten Eigenformen und ist für experimentelle Aufbauten daher ggf. nicht ermittelbar.

In einer weiteren Arbeit bestimmen P. Zhang u. a. [Zha+16] die Kopplung zwischen Modenpaaren aus Struktur und Fluid und beziehen diese auf einen Grenzwert, der in die Bereiche starker und schwacher Kopplung unterteilt. Neben der Geometrie der Eigenformen berücksichtigt das entwickelte Kriterium auch die frequenzmäßige Nähe der Resonanzen sowie die jeweiligen Dämpfungen. Auch dieser Ansatz setzt jedoch die Kenntnis der entkoppelten Eigenformen und Eigenfrequenzen voraus.

4.2.1.4 Impedanzänderung

Kim und Brennan [KB99] entwickeln eine Methode zur numerischen Beschreibung eines gekoppelten vibroakustischen Systems am Beispiel einer Platte vor einer quaderförmigen Kavität. Eine Kopplung wird von den Autoren als schwach verstanden, wenn die gekoppelten Teilsysteme auf eine Anregung nahezu wie im Vakuum bzw. mit schallharter Berandung reagieren. Als Kriterium der Kopplungsstärke wird die Differenz der Impedanzmatrizen des strukturellen oder akustischen Teilsystems im gekoppelten und ungekoppelten Fall gewählt bzw. die Identität aufgrund schwacher Kopplung angenommen. Da die Autoren die Betrachtungen auf schwach gekoppelte Systeme beschränken, schlagen sie kein Maß zur Bewertung dieses Unterschieds vor und insbesondere keine Grenzwerte oder Grenzen zur Unterscheidung zwischen schwacher und starker Kopplung. Denkbar ist hier der Vergleich von Singulärwerten und -vektoren der Impedanzmatrix. Grundsätzlich würde ein solches Kriterium allerdings auf die entkoppelten Eigenformen und -frequenzen zurückgreifen müssen, die für experimentelle Aufbauten nicht immer ermittelbar sein werden.

4.2.1.5 Zusammenfassung und Fazit

Eine Übersicht über die oben vorgestellten und diskutierten Arbeiten zur Fluid-Struktur-Kopplung im niederfrequenten Regime bietet Tab. 4.1.

Das insbesondere experimentell mit dem geringsten Aufwand auszuwertende Kriterium ist das in [AB94] entwickelte. Die aus dem vorgeschlagenen Quotienten ableitbare Frequenzgrenze zwischen starker und schwacher Kopplung erscheint anhand der Beobachtungen in anderen Publikationen allerdings stark zu vereinfachen, sodass die Aussagekraft des Kriteriums begrenzt ist.

Das in [Fow+18] vorgeschlagene Kriterium eines Vergrößerungsfaktors erscheint ebenfalls experimentell wie numerisch ermittelbar. Aufgrund des Aufbaus des vorgeschlagenen Quotienten sowie der veröffentlichten Messergebnisse ist allerdings unklar, ob das Kriterium als Indikator für den Übergang zwischen zwei interagierenden, aber schwach gekoppelten Teilsystemen und einem stark gekoppelten Gesamtsystem geeignet ist.

Die in mehreren Publikationen vorgeschlagenen [KB99, Dav17, Zha+16] oder aus ihnen ableitbaren [PB90] Kriterien, die eine Kenntnis des entkoppelten Verhaltens voraussetzen, erscheinen experimentell schwierig umsetzbar, da die betreffende Struktur im Vakuum oder das Luftvolumen mit schallharter Berandung kaum experimentell untersucht werden können.

Ein Kriterium auf Grundlage eines Energievergleichs der gekoppelten Teilsysteme, das in [PB90] zwar nicht direkt vorgeschlagen oder untersucht wird, aus den Überlegungen dort aber unmittelbar ableitbar ist, erscheint sowohl numerisch als auch experimentell auswertbar. Die konkrete Aussagekraft eines solchen Kriteriums wäre allerdings zu untersuchen, da zumindest Pan und Bies hierzu keine Berechnungen oder Experimente durchführen.

Tab. 4.1 Publikationen zur niederfrequenten Luft-Struktur-Kopplung

Publikation	Kriterium	Fazit
Atalla und Bernhard [AB94]	Quotient aus wenigen, frequenzunabhängigen Fluid- und Strukturkenngrößen sowie der Anregungsfrequenz	Zur Abschätzung von Frequenzbereichen geeignet, für detaillierte Betrachtung jedoch zu ungenau und im Widerspruch zu anderen Publikationen
Fowler u. a. [Fow+18]	„Magnification Factor", Quotient aus mittlerer struktureller und lokaler akustischer Antwort auf strukturelle Anregung	Vorgeschlagenes Maß ist eher Anregbarkeits- als Kopplungskoeffizient
Pan und Bies [PB90]	Energieverhältnis der Teilsysteme/ Konvergenzgeschwindigkeit der modalen Beschreibung	Konvergenzgeschwindigkeit für experimentelle Aufbauten schwer zu bestimmen, Energieverhältnis möglicher Kandidat
Davis [Dav17]	Geometrische Ähnlichkeit der Teilsystemmoden an Interaktionsfläche	Entkoppelte Moden am experimentellen Aufbau schwer zu bestimmen, getroffene Annahmen der Herleitung schließen starke Kopplung aus
P. Zhang u. a. [Zha+16]	Bewertung der Modenkopplung anhand geometrischer Ähnlichkeit, frequenzmäßiger Nähe und Dämpfung	Entkoppelte Moden am experimentellen Aufbau schwer zu bestimmen
Kim und Brennan [KB99]	Differenz der Impedanzmatrizen der Teilsysteme für gekoppelten und ungekoppelten Fall	Für experimentellen Aufbau schwer zu bestimmen, Kompression einer Matrizendifferenz in handhabbaren Kennwert zudem unklar

Die bis zu dieser Stelle ausgewerteten Publikationen sind direkt mit dem Gegenstand der Forschungsfragestellung befasst, können diese aber nicht beantworten. Der folgende Abschnitt erweitert daher die Betrachtungen auf allgemeine, aus Teilsystemen zusammengesetzte mechanische Ensembles und die Quantifizierung der Kopplung zwischen diesen Teilsystemen. Die im folgenden Abschnitt berücksichtigten Arbeiten sind dabei durch die Methode der statistischen Energieanalyse (SEA) motiviert, zu deren Ausgangsannahmen die schwache Kopplung der Teilsysteme gehört.

4.2.2 Schwache Kopplung als Ausgangsannahme der SEA

Fahy [Fah94] führt aus, dass ein deterministischer Modellierungsansatz unter Aufstellen von physikalischen oder modalen Systemmatrizen bei steigender Frequenz bzw. modaler Ordnung nicht mehr zielführend ist. Dies begründet er einerseits mit numerischen Herausforderungen aufgrund der steigenden Anzahl an Freiheitsgraden des Modells, zum anderen mit der Sensitivität der Eigenfrequenzen bzgl. unsicherheitsbehafteter physikalischer Parameter wie Randbedingungen, die mit der modalen Ordnung steige.

Eine alternative Methode zur Schwingungsanalyse komplexer wie bspw. vibroakustischer Systeme bei höheren Frequenzen ist die statistische Energieanalyse, vgl. Peiffer [Pei22, S. 192 ff.]. Anstatt physikalische Eigenschaften wie Geschwindigkeiten oder Drücke an bestimmten Orten zu berechnen, unterteilt die SEA das betreffende System in Teilsysteme, die an Wechselwirkungspunkten oder -flächen miteinander verbunden sind und Energie austauschen. Dieser Energieaustausch wird durch die internen Dissipationen der Teilsysteme und den Leistungsflüssen zwischen ihnen bestimmt, die durch Verlustfaktoren oder Kopplungsverlustfaktoren beschrieben werden. Sobald diese Verlustfaktoren und die dem System zugeführte Leistung bekannt sind, ist die Berechnung der Schwingungsenergie in jedem Teilsystem möglich. Dies erfolgt meist gemittelt über ausreichend große Frequenzbänder [Fah94]. Die Annahme, dass die Energie in jedem Teilsystem gleichmäßig verteilt ist, erlaubt dann die Ableitung einer Durchschnittsgeschwindigkeit oder eines Durchschnittsdruck in diesem Teilsystem.

Eine Übersicht der Annahmen, auf denen die SEA beruht, stellen Le Bot und Cotoni [LC10] mit dem Ziel der Abschätzung des Anwendungsbereichs der Methode zusammen. Diese Annahmen sind

1. eine große Anzahl von Moden innerhalb des interessierenden Frequenzbandes,
2. eine große modale Überlappung im betrachteten Frequenzband, so dass keine Mode die Antwort eines (Teil-)Systems dominiert,
3. eine leichte oder schwache Kopplung sowie
4. die Diffusität des Wellenfeldes in einem Teilsystem. Dies setzt voraus, dass der Dämpfungsfaktor, welcher die Wellendämpfung in einer Struktur zu ihrer Länge in Beziehung setzt, ausreichend klein ist, um Mehrfachreflexionen einer Welle an den Grenzen des Teilsystems zu ermöglichen.

Indikatoren, ob die Kopplung zwischen zwei verbundenen Systemen als gering im Sinne der SEA anzusehen und somit durch diese abbildbar ist, sind daher Gegenstand einer Vielzahl von Untersuchungen im Kontext dieser Methode, die folgenden Abschn. 4.2.2.1 bis 4.2.2.8 stellen wesentliche Arbeiten zusammen. Anwendungsfall dieser Kriterien ist dabei meist die Klärung der Frage, ob die zuvor vorgenommene Unterteilung des Gesamt- in Teilsysteme der Annahme schwacher Kopplung dieser Teilsysteme genügt. Eine tabellarische Übersicht der ausgewerteten Publikationen sowie ein Fazit zu deren Relevanz im Hinblick auf Forschungsfrage 2 sind anschließend in Abschn. 4.2.2.9 zu finden.

4.2.2.1 Kopplungssteifigkeit

Newland [New66] untersucht den Energiefluss in Systemen von unabhängigen Einmassenschwingern, die durch Federelemente gekoppelt werden. Der Autor geht von einer schwachen Kopplung aus, die dadurch gewährleistet wird, dass die Kopplungssteifigkeiten zwischen den Oszillatoren wesentlich kleiner sind als die Oszillatorsteifigkeiten selbst. Als Maß für die Kopplungsstärke in diesen Grenzen führt er das Verhältnis aus Kopplungssteifigkeit und den Oszillatorsteifigkeiten ein. Eine Grenze dieses Maßes für die Unterscheidung zwischen starker und schwacher Kopplung nennt Newland jedoch nicht, vielmehr weist er darauf hin, dass das Ausmaß des Energieaustauschs und somit die Kopplung zwischen zwei Oszillatoren neben der Kopplungssteifigkeit auch vom Verhältnis ihrer Resonanzfrequenzen abhängt. Der vorgeschlagene Steifigkeitsquotient allein reicht zur Beschreibung der Kopplung daher offensichtlich nicht aus.

Eine Modifikation dieses Ansatzes schlägt Woodhouse [Woo81] unter Verwendung eines gegenüber Newland dahingehend erweiterten Kopplungsmodells vor, dass das Kopplungselement nicht mehr eine Feder, sondern ein abgestütztes Feder-Masse-Element ist. Durch die so eingeführte Dynamik des Kopplungselements wird zwar ein zusätzlicher Freiheitsgrad zur Beschreibung des Kopplungsverhaltens verfügbar, die Kopplung wird jedoch nach wie vor auf der Grundlage systemspezifischer Parameter mit begrenzter breiterer Anwendbarkeit bewertet. Die Kopplung gilt nach Woodhouse als schwach, wenn das Kopplungselement die Leistungsübertragung zwischen den Teilsystemen blockiert, entweder aufgrund seiner Steifigkeit oder seiner Masse. Die Definition eines Kennwertes zur Beurteilung erfolgt nicht.

Keane und Price [KP87] diskutieren einen Ansatz zur Erweiterung der SEA auf stark gekoppelte Systeme durch Parametervariation an einem einfachen Ensemble aus zwei Subsystemen mit punktueller Federkopplung. Als schwach bezeichnen die Autoren eine Kopplung, bei der das modale Verhalten des ungekoppelten Systems durch die Teilsystemkopplung nicht stark beeinflusst wird. Der Parameter zur Einstellung und gleichzeitig Bewertung der Kopplungsstärke ist in dieser Publikation die Federkonstante des Kopplungselements. Gegenstand einer weiteren Untersuchung zu diesem Kopplungsmechanismus ist der Energiefluss zwischen zwei multimodalen Subsystemen. Keane [Kea93] untersucht, inwieweit die Annahmen der SEA und die Anwendung der modalen Reduktion gültig sind. Schwache Kopplung wird wiederum definiert als eine Kopplung, bei der das modale Verhalten der ungekoppelten Systeme durch die Teilsystemkopplung nicht stark beeinflusst wird. Eine Quantifizierung dieser Beeinflussung wird in beiden Publikationen nicht unternommen.

4.2.2.2 Impulsantwort

Fahy und James [FJ96] entwickeln zwei Indikatoren für die Stärke der Kopplung basierend auf Energieanstiegszeiten in gekoppelten Teilsystemen. Hintergrund ist der Mangel an Methoden zur experimentellen Bewertung der Kopplungsstärke zur

Trennung von Strukturen in Teilsysteme für eine SEA. Die Kriterien beruhen auf einer Impulsanregung und sind daher frequenzunspezifisch.

Das erste Kriterium untersucht die Zeitdifferenz zwischen den Maxima der kinetischen Energie im direkt und im über Kopplung indirekt angeregten Teilsystem. Die Autoren legen dar, dass eine signifikante Zeitdifferenz auf eine schwache und resonante Kopplung hindeutet, während eine kurze Zeitdifferenz entweder auf eine starke Kopplung oder eine nichtresonante Kopplung hinweist. Darüber hinaus zeigen die Autoren, dass die Definition von signifikant bezüglich der Zeitdifferenz vom Ausmaß der Dämpfung im System abhängt.

Das zweite Kriterium betrachtet den Quotienten aus Zeitdifferenz der Maxima und der Auf- und Abklingzeit des Signals im indirckt angeregten Teilsystem. Die Autoren zeigen eine Verringerung der Dämpfungsabhängigkeit, eine Unterscheidung zwischen starker und schwacher, nichtresonanter Kopplung ist aber weiterhin nicht möglich, was für Zwecke der in Bereichen hoher modaler Dichte und Überlappung angesiedelten SEA allerdings akzeptabel sei. Für niederfrequente Anwendungen mit meist geringen modalen Dichten, auf die Forschungsfrage 2 abzielt, erscheint die Differenzierbarkeit zwischen schwacher und starker Kopplung durch dieses Kriterium zunächst nicht gegeben.

In einer folgenden Arbeit wenden James und Fahy [JF97] diesen zweiten Indikator experimentell auf ein Ensemble von zwei Platten mit unterschiedlicher Kopplungsstärke. Die Autoren belegen Eignung des Indikators für die Zwecke der SEA. Die Anwendbarkeit bei nichtresonanter Kopplung und geringer modaler Dichte bleibt jedoch unklar.

In einem dritten Beitrag entwickeln James und Fahy [JF00] einen ergänzenden Indikator zur Quantifizierung der modalen Dichte im Hinblick auf die Anwendbarkeit des zuvor entwickelten Kopplungskriteriums. Dieser ergänzende Indikator setzt allerdings die Kenntnis von Eigenschaften der entkoppelten Teilsysteme voraus. Darüber hinaus bleibt bei geringer modaler Dichte die fehlende Unterscheidbarkeit zwischen starker und schwacher, nichtresonanter Kopplung bestehen, der Indikator dient lediglich dem Setzen einer unteren Grenze der Anwendbarkeit des Kopplungskriteriums.

Kamata u. a. [Kam+02] schlagen ein ähnliches Kriterium für die Kopplungsstärke auf der Grundlage von Anstiegszeiten vor. Das Kriterium vergleicht die Steigungen der Beschleunigungssignalflanken eines primären und eines sekundären Teilsystems unter Impulsanregung. Sinkt das Verhältnis dieser Steigungen unter einen Grenzwert, liegt eine schwache Kopplung vor. Aufgrund der Ähnlichkeit der Ansätze ist auch hier die oben beschriebene Indifferenz bezüglich verschiedener Kopplungsarten zu erwarten, dies wird von den Autoren aber nicht betrachtet.

4.2.2.3 Frequenzabhängige Systemeigenschaften

Allen oben beschriebenen Ansätzen zur Kopplungsquantifizierung gemein ist die Frequenzunabhängigkeit der betrachteten Kopplungsmechanismen bzw. Kriterien. Weder die in [New66, Woo81, KP87, Kea93] verwendeten Kopplungssteifigkeiten noch die in [FJ96, JF97, JF00, Kam+02] betrachteten Impulsantworten ermöglichen eine nach der Frequenz differenzierte Bewertung, deren Erfordernis die Beobachtungen von Schultz und Davis [SD18] und Fowler u. a. [Fow+18] nahelegen, vgl. Abschn. 4.2.1.2.

Davies [Dav73] führt anhand eines Ensembles aus zwei kontinuierlichen Balkenelementen und eines diskreten Kopplungselements einen frequenzabhängigen Indikator für die Kopplungsstärke ein. Dieses Kriterium ist jedoch spezifisch für das gewählte Ensemble und erfordert die Kenntnis der Kopplungsparameter sowie der modalen Dichten und Eigenformen der Teilsysteme. Die Erweiterbarkeit des Kriteriums auf komplexere Ensembles ist daher unklar.

Bezug nehmend auf Davies Betrachtung nimmt Langley [Lan90] für die theoretische Herleitung des Ansatzes der SEA zur Schwingungsanalyse eine konservative, schwache Kopplung zwischen den Teilsystemen an. Die Kopplung bezeichnet der Autor als schwach, wenn die internen Übertragungsfunktionen der Teilsysteme von der Kopplung unbeeinflusst bleiben. Dies quantifiziert der Autor durch die Existenz einer oberen Schranke für die Übertragungsfunktion zwischen Punkten in verschiedenen Teilsystemen. Diese Schranke sinkt für den Fall schwacher Kopplung mit steigendem Abstand zwischen den betrachteten Punkten, gemessen in den mindestens zu querenden Teilsystemen. Da dieses Maß die Kenntnis aller Übertragungsfunktionen für das Gesamtsystem voraussetzt, ist seine Praxistauglichkeit für technische Anwendungen fraglich.

4.2.2.4 Verlustleistungsverhältnis

Chandiramani [Cha78] nimmt ein Ensemble aus zwei oder mehr gekoppelten, identischen Oszillatoren an. Der Autor unterscheidet zwischen gekoppelter und ungekoppelter Energie oder Leistung. Die ungekoppelte Leistung eines Teilsystems ist hier der Teil der Eingangsleistung, der aufgrund der internen Dissipation des Teilsystems verloren geht. Gekoppelte Leistung ist der Teil der Eingangsleistung, der an benachbarte Teilsysteme übertragen wird. Eine schwache Kopplung liegt vor, wenn der größte Teil der Leistung eines Teilsystems ungekoppelte Leistung ist. Ein aus diesen Darstellungen ableitbarer Kopplungsindikator, wenn auch durch den Autor nicht explizit vorgeschlagen oder untersucht, wäre somit ein Quotient aus gekoppelter und ungekoppelter Leistung.

In einem ähnlichen Ansatz bezeichnet Smith [Smi79] die Stärke der Kopplung zwischen zwei Teilsystemen als eng oder stark, wenn für eines der beiden Teilsysteme der Leistungsfluss aus dem Teilsystem aufgrund der Kopplung mit dem anderen Teilsystem größer ist als die interne Verlustleistung im jeweiligen Teilsystem. Der Vergleich dieser Verlustleistungsgrößen wird in einigen Publikationen zur SEA als Bewertungsgrundlage der Kopplungsstärke herangezogen, bspw. durch Maidanik und Dickey [MD99] als Quotient aus Kopplungs- und interner Verlustleistung und durch Keane und Price [KP87] oder Le Bot und Cotoni [LC10] als Ausgangspunkt weitergehender Betrachtungen. Sowohl dieses Kriterium als auch das bei Chandiramani [Cha78] ableitbare setzen allerdings die vollständige Bestimmbarkeit der Leistungsflüsse voraus, was bspw. bei akustischer Anregung herausfordernd sein kann.

4.2.2.5 Transmissionsverluste und modale Dichte

Ebenfalls auf Basis von Leistungs- und Energiebetrachtungen an eindimensionalen Teilsystemen entwickelt Mace [Mac93] ein Kopplungskriterium, welches das Verhältnis aus Übertragungsfaktor und dem Produkt der modalen Überlappungen zweier gekoppelter Teilsysteme zur Unterscheidung zwischen starker und schwacher Kopplung verwendet. Der Autor beschränkt sich hierbei allerdings auf ein Ensemble zweier eindimensionaler Teilsysteme.

Finnveden [Fin95] untersucht die Aussagekraft dieses Kriteriums, indem er ein drittes Teilsystem hinzufügt und die durchschnittlichen Ensemble-Energien sowie den Energiefluss für diese Drei-Elemente-Struktur untersucht. Er zeigt, dass der von Smith [Smi79] vorgeschlagene Quotient aus Kopplungs- und Dissipationsverlustleistungen für Ensembles aus mehr als zwei Subsystemen fehlerhafte Ergebnisse liefern kann. Für das von Mace vorgeschlagene Verhältnis gilt diese Einschränkung anhand der Ergebnisse Finnvedens hingegen nicht. Mit Blick auf die zugrunde liegende Forschungsfrage 2 ist allerdings anzumerken, dass für die Fluid-Struktur-Kopplung von zwei Teilsystemen auszugehen ist, vorbehaltlich einer weiteren Unterteilung der Struktur oder des eingeschlossenen Fluids. Darüber hinaus setzt die Verwendung der modalen Überlappungen der Teilsysteme die Kenntnis dieser Werte für die entkoppelten Systeme sowie eine ausreichend hohe modale Dichte voraus. Beides ist aufgrund des meist nur gekoppelten Vorliegens und der niederfrequenten Anwendungsfälle nicht immer gegeben.

4.2.2.6 Eigenwerte der Kopplungsmatrix

Zur Bewertung der Kopplung zwischen zwei verbundenen Teilsystemen verwenden Bessac u. a. [BGG96] eine aus den als bekannt vorausgesetzten Eigenschaften berechnete Kopplungsmatrix, welche die Wechselwirkung anhand der Schnelleverteilungen in den Teilsystemen beschreibt. Schwache und starke Kopplung werden durch den maximalen Eigenwert dieser Matrix unterschieden, wobei ein Eigenwert größer eins für starke und kleiner eins für schwache Kopplung steht. Zur Einordnung gegenüber den zuvor aufgeführten Ansätzen ist festzuhalten, dass dieses Vorgehen eine Quantifizierung der Kopplungsstärke mit beliebig feiner Frequenzauflösung erlaubt. Darüber hinaus liefert die Kopplungsquantifizierung anhand des größten Kopplungs-Eigenwertes einen dimensionslosen Kennwert, der auch einen Vergleich unterschiedlicher Systeme ermöglicht. Weitere Ansätze, die ebenfalls auf der Eigenwertzerlegung einer Kopplungsmatrix und der anschließenden Betrachtung des größten Eigenwertes basieren, sind bei Finnveden [Fin11], Van hoorickx und Reynders [VR22] oder Fang u. a. [FZZ23] zu finden. Fang u. a. [FZZ23] stellen dabei heraus, dass hohe Werte des vorgeschlagenen Kriteriums mit einer Abweichung der Eigenfrequenzen von denen der ungekoppelten Teilsysteme korrelieren, bei niedrigen Werten zeigt das untersuchte System fast keine Eigenfrequenzabweichung. Die eigenwertbasierten Methoden erfordern allerdings die Kenntnis der Systemmatrizen der Teilsysteme und sind daher nur numerisch ohne weiteres anwendbar. Darüber hinaus ist die Berechnung dieser Eigenwerte für jeden Frequenzschritt notwendig, was bei einer breitbandigen Betrachtung komplexer Systeme sehr rechenintensiv sein kann.

4.2.2.7 Abschätzung des höchsten Eigenwerts der Kopplungsmatrix

Finnveden [Fin11] führt die zuvor veröffentlichten Kriterien von Smith [Smi79], Keane [Kea93], Langley [Lan90], Mace [Mac93], James und Fahy [JF00] sowie Bessac u. a. [BGG96] zusammen und zeigt für federgekoppelte Teilsysteme die wechselseitige Überführbarkeit ineinander. Der Autor führt einen Indikator für die Stärke der Kopplung ein, den er als „modal interaction strength" bezeichnet, einer Erweiterung des von Mace [Mac93] vorgeschlagenen entspricht und auf dem Quotienten von Transmissionsgrad und dem Produkt der modalen Überlappungen beruht. Finnveden zeigt dabei insbesondere, dass dieser Indikator den größten Eigenwert der Kopplungsmatrix nach oben abschätzt, was die zuvor notwendige Kenntnis der Systemmatrizen obsolet macht. Der Fortschritt gegenüber den Erkenntnissen bei Mace liegt dabei insbesondere im Wegfall der Annahme eindimensionaler und der Erweiterung auf beliebige, durch Federn gekoppelte Teilsysteme.

Van hoorickx und Reynders [VR22] zeigen, dass auch für kontinuierliche Kopplungselemente die Gültigkeit des Kriteriums von Finnveden [Fin11] bzw. Mace [Mac93] als Abschätzung des höchsten Eigenwerts der Kopplungsmatrix nicht beeinträchtigt, das Kriterium also noch breiter anwendbar ist. Die Verwendung der modalen Überlappungen setzt allerdings weiterhin die Kenntnis dieser Werte für die entkoppelten Systeme sowie eine ausreichend hohe modale Dichte voraus.

4.2.2.8 Energievergleich der Teilsysteme

Egab und X. Wang [EW22] untersuchen ein System aus einer Platte mit dahinter liegender Kavität sowie die Auswirkungen einer Versteifung der Platte auf die Interaktion der beiden Teilsysteme. Die Autoren verfolgen einen hybriden Modellierungsansatz, der die Kavität mit Hilfe der Methode der finiten Elemente beschreibt, die Platte hingegen durch ein SEA-Modell. Zur Prüfung der Kopplungsstärke der Teilsysteme führen Egab und Wang das Verhältnis der frequenzabhängigen Energien in Kavität und Platte als Kriterium zur quantitativen Bewertung ein. Die Autoren nutzen das Kriterium jedoch lediglich für relative Aussagen bezüglich Frequenzen der stärksten Kopplung, eine tiefer gehende Analyse im Hinblick auf eine Abgrenzung von starker und schwacher Kopplung oder der Auswirkungen starker Kopplung auf die gekoppelten Eigenfrequenzen und Eigenformen erfolgt nicht.

4.2.2.9 Zusammenfassung und Fazit

Eine Übersicht über die oben vorgestellten und diskutierten Arbeiten zur schwachen Kopplung als Ausgangsannahme der SEA bietet Tab. 4.2.

Die vor dem Hintergrund der SEA publizierten und oben vorgestellten Kopplungskriterien bewerten in einer ersten Unterteilung entweder die Kopplungsstärke der betrachteten Teilsysteme im gesamten untersuchten Frequenzbereich oder erlauben einen Fokus auf bzw. eine Einteilung in einzelne Frequenzbereiche.

Als Ansätze ohne bzw. mit wenigen Freiheitsgraden zur Berücksichtigung eventueller Frequenzabhängigkeiten sind aus dem vorangegangenen Abschnitt die Arbeiten von Newland [New66], Woodhouse [Woo81], Keane und Price [KP87] und Keane [Kea93], Fahy und James [FJ96] und James und Fahy [JF97, JF00] sowie von Kamata u. a. [Kam+02] zu nennen. Die von Newland und Woodhouse angenommenen diskreten Kopplungselemente ermöglichen dabei nur eine relative Stärkung oder Schwächung der Kopplung, nicht jedoch eine systemunspezifische, absolute Aussage anhand eines Kennwerts. Auch die von Keane und Price gewählte Betrachtung des globalen modalen Verhaltens der Teilsysteme resultiert nicht direkt in einem ohne Weiteres ermittelbaren Kennwert.

Die auf Impulsanregungen des gekoppelten Systems basierenden Ansätze von Fahy und James bzw. Kamata u. a. zeichnen sich zwar durch ihre experimentelle Umsetzbarkeit und die Definition eines intuitiv auszuwertenden Kennwertes aus, sind in ihrem Anwendbarkeitsbereich aber auf Ensembles von Teilsystemen hoher modaler Dichte beschränkt. Diese Voraussetzung ist für die Untersuchungen in den Vorarbeiten zu Forschungsfrage 2 allerdings nicht gegeben, da das Konzept der auf Schalleinstrahlungsformen basierten Einstrahlungsminderung Systeme mit nur wenigen Fluidmoden im betrachteten Frequenzbereich behandelt.

Die von Davies [Dav73], Langley [Lan90], Bessac u. a. [BGG96] und Fang u. a. [FZZ23] bzw. Mace [Mac93], Finnveden [Fin11] und Van hoorickx und Reynders [VR22] vorgeschlagenen Kriterien ermöglichen eine frequenzabhängige Bewertung der Kopplungsstärke. Diese Kriterien berechnen sich allerdings jeweils aus Systemparametern, die in experimentellen Aufgabenstellungen ggf. nicht ermittelbar sind, namentlich den Massen- und Steifigkeitsverteilungen [Dav73, BGG96], den vollständigen Übertragungsfunktionen [Lan90] bzw. den modalen Überlappungen in den ungekoppelten Teilsystemen [Mac93, Fin11, VR22].

Auch die leistungs- bzw. energiebasierten Kriterien von Chandiramani [Cha78], Smith [Smi79] und Egab und X. Wang [EW22] ermöglichen eine frequenzabhängige Bewertung der Kopplungsstärke zwischen gekoppelten Teilsystemen. Eine Kenntnis weiterer Teil- oder Gesamtsystemeigenschaften setzen diese nicht voraus, abgesehen von der Mess- oder Berechenbarkeit der Leistungsflüsse zwischen den bzw.

Tab. 4.2 Publikationen zur Kopplungsquantifizierung im Rahmen der SEA

Publikation	Kriterium	Fazit
Newland [New66]	Verhältnis von Kopplungs- und Teilsystemsteifigkeit	Spezifisch anhand des konkreten betrachteten mechanischen Systems entwickelt, Übertragbarkeit auf allgemeine Systeme daher unklar. Zudem unter Vernachlässigung der Resonanzfrequenzen der Teilsysteme
Woodhouse [Woo81]	Ausmaß der Leistungsübertragung durch diskretes Kopplungselement	Vorgeschlagenes Kopplungsmaß lediglich qualitativ beschrieben, zudem Annahme der Existenz diskreter Kopplungselemente
Keane und Price [KP87] und Keane [Kea93]	Änderung des modalen Verhaltens der Teilsysteme durch die Kopplung	Keine Quantifizierung der Verhaltensänderung, lediglich Einstellung durch systemspezifische Steifigkeit
Fahy und James [FJ96] und James und Fahy [JF97, JF00]	Verhältnis der Aufkling- und der Gesamtsignaldauer im sekundären System bei Impulsanregung	Experimentell gut ermittelbarer Kennwert, allerdings nur für Teilsysteme hoher modaler Dichte aussagekräftig
Kamata u. a. [Kam+02]	Verhältnis der Flankensteigung der Impulsantwort von primärem und sekundärem Teilsystem	Aufgrund der Ähnlichkeit zu [FJ96] ist analoge Einschränkung in Bezug auf modale Dichte zu erwarten, allerdings durch Autoren nicht diskutiert
Davies [Dav73]	Koeffizient aus Kopplungsparametern, modalen Dichten und Eigenformen der gekoppelten Teilsysteme	Eher spezifisch für das gewählte Beispiel, Verallgemeinerung unklar
Langley [Lan90]	Obere Schranke der Übertragungsfunktion über mehrere Teilsysteme	Quantitatives Kriterium ohne Vorannahmen bzgl. Gestalt oder Anzahl der Teilsysteme, allerdings Kenntnis aller Übertragungsfunktionen notwendig
Chandiramani [Cha78] und Smith [Smi79]	Quotient aus Kopplungs- und Verlustleistung eines Teilsystems	Quantitatives Kriterium ohne Vorannahmen bzgl. Gestalt oder Anzahl der Teilsysteme, allerdings Kenntnis aller Leistungsflüsse notwendig

(Fortsetzung)

Tab. 4.2 (Fortsetzung)

Publikation	Kriterium	Fazit
Bessac u. a. [BGG96] und Fang u. a. [FZZ23]	Höchster Eigenwert der Kopplungsmatrix	Quantitatives Kriterium ohne Vorannahmen bzgl. Gestalt oder Anzahl der Teilsysteme, allerdings Kenntnis der Systemmatrizen notwendig
Mace [Mac93], Finnveden [Fin95, Fin11] und Van hoorickx und Reynders [VR22]	Quotient aus Transmissionskoeffizient und modalen Überlappungen der Teilsysteme	Abschätzung des höchsten Eigenwerts der Kopplungsmatrix, allerdings nur für bekannte Teilsysteme hoher modaler Dichten
Egab und X. Wang [EW22]	Verhältnis der Teilsystemenergien	Quantitatives Kriterium ohne Vorannahmen bzgl. Gestalt oder Anzahl der Teilsysteme, Aussagekraft allerdings unklar

Energien in den gekoppelten Teilsystemen. Das Überwiegen der internen Dissipation gegenüber der Verlustleistung durch Kopplung in einem Teilsystem als Kennzeichen schwacher Kopplung, wie von Smith [Smi79] vorgeschlagen, ist darüber hinaus Grundlage für enger gefasste Kriterien, bspw. durch Mace [Mac93]. Eine genauere Betrachtung der Auswirkungen von hohen Werten der vorgeschlagenen Leistungs- bzw. Energiequotienten für Eigenformen und -frequenzen liegt jedoch nicht vor. Auch eine Aussage bzgl. der Eignung als Kriterium für Änderungen der Singulärwerte und -vektoren der IIE bedarf somit weiterer Untersuchungen.

Ein möglicher Grund für das Fehlen derartiger weiterführender Betrachtungen ist der Kontext der SEA von Entwicklung und Anwendung der Kriterien. Aufgrund der angenommenen hohen modalen Dichten spielen einzelne Eigenfrequenzen und Eigenformen in diesem Feld eine untergeordnete Rolle.

Ähnlich dem Fazit zu den in Abschn. 4.2.1 zusammengetragenen Arbeiten zur Fluid-Struktur-Kopplung im niederfrequenten Regime können auch die vorgestellten Ansätze im Kontext der SEA die in Abschn. 4.1 herausgestellten Anforderungen nicht erfüllen bzw., wiederum im Fall eines energiebasierten Kriteriums, besteht weiterer Untersuchungsbedarf.

Die bisher in den Abschn. 4.2.1 und 4.2.2 behandelten Forschungsgebiete sind zwar von hoher Relevanz für das Forschungsfrage 2 zugrunde liegende Anwendungsgebiet der Kopplung schwingender Strukturen mit eingeschlossenem Luftvolumen, in ihren jeweiligen Abgrenzungen aber auch entsprechend eng gefasst. Der folgende Abschnitt erweitert diese Perspektive, indem er Ansätze aus Fragestellungen mit allgemeinem Schwingungsbezug gemäß Recherchefrage 2 zusammenstellt und diese anhand der Anforderungen aus Abschn. 4.1 zur Forschungsfrage 2 in Beziehung setzt.

4.2.3 Kopplung allgemein schwingungsfähiger Systeme

Der Begriff „Kopplungsstärke“ im Kontext einer Interaktionsbeschreibung dynamischer Systeme ist auch über die bisher beschriebenen Anwendungsfälle hinaus gebräuchlich. Bspw. beschreiben Adewusi u. a. [ARM12] die Dynamik eines biomechanischen Modells von Hand und Arm oder R. Chen u. a. [Che+22] die Interaktion von elektrischem und mechanischem Teilsystem einer Windturbine. Die Autoren betonen dabei jeweils die Bedeutung der starken Kopplung zwischen den beteiligten Subsystemen, jedoch ohne ein Maß für diese Kopplungsstärke anzugeben.

4.2.3.1 Systemspezifische Parameter

Ähnlich den in Abschn. 4.2.2 vorgestellten Ansätzen finden sich im Stand des Wissens zunächst verschiedenste Ansätze, welche systemspezifische Parameter zur Einstellung und Beschreibung der Kopplungsstärke nutzen.

So variieren L. Chen u. a. [Che+18] die Kopplung zweier Balken anhand der Steifigkeit eines diskreten Kopplungselements. Chivukula und Rhoads [CR09] entwerfen ein mechanisches Bandpassfilter mittels Kopplung mehrerer Einmassenschwinger. Die Einstellung und Bewertung der Kopplungsstärke erfolgt anhand des Verhältnisses der Steifigkeiten von Kopplungselement und Balken. Kan und Zhao [KZ21] stellen die Kopplungsstärke zwischen Schaufelpaketen eines Rotors ebenfalls anhand einer Kopplungssteifigkeit ein. Auch Perc und Gosak [PG08] bewerten die Kopplung einzelner Freiheitsgrade in einem Netzwerk nichtlinearer, stark gedämpfter Schwinger über eine Kopplungssteifigkeit.

Außerhalb der Mechanik betrachtet Yamada [Yam82] die Kopplung nichtlinearer elektrischer Oszillatoren anhand der Größe eines Widerstands der Schaltung.

Allen Ansätzen dieses Abschnitts ist gemein, dass der gewählte Parameter zur Beschreibung und Bewertung der Kopplung zwar ggf. zu einem frequenzabhängigen Verhalten des Systems führt, selbst aber konstant und somit frequenzunabhängig ist. Daher ist keine frequenzabhängige Quantifizierung der Kopplungsstärke möglich. Weiterhin ist ein solcher systemspezifischer Parameter (Steifigkeit, Widerstand etc.) in seiner Wirkung von der konkreten Konfiguration abhängig, ermöglicht also keine Angabe einer Kennzahl, die eine Einordnung gegenüber anders konfigurierten Systemen ermöglichen würde.

4.2.3.2 Generalisierte Parameter

Eine weitere Gruppe hier aufzuführender Ansätze nutzen Größen, die zunächst über unterschiedliche Systeme hinweg vergleichbar sind.

So betrachten Liu u. a. [LDC18] die Kopplung einer flexiblen Rohrwandung mit dem geführten Medium sowie mit der Luft in einer umschließenden Kavität. Die Autoren definieren ein frequenzabhängiges Kopplungskriterium zwischen Struktur und Hohlraum, das jedoch spezifisch für eine ausgewählte Strukturmode ist und daher nicht als globales Kriterium verwendbar ist. Darüber hinaus ergibt sich keine obere oder untere Grenze des Parameters, so dass nur relative Bewertungen der Teilsystemkopplung möglich sind. Ji, N. Wang u. a. [Ji+21] definieren zur Platzierung eines multimodalen Tilgers einen Kopplungskoeffizienten, in Abhängigkeit der betrachteten Tilgermode und dem gewählten Ort auf der Struktur. Die Bewertung der Kopplung erfolgt somit lediglich geometrisch und modenspezifisch, nicht aber frequenzabhängig und global. Tsuchiya u. a. [TMI16] untersuchen ein System mit struktureller, akustischer und piezoelektrischer Domäne. Die Autoren beschreiben die Kopplung zwischen diesen Bereichen durch geometrische Beiwerte (strukturelle Fluidanregung) bzw. Materialkonstanten (piezoelektrische Strukturanregung). Die verwendeten Parameter zur Kopplungsbeschreibung sind somit für eine frequenzabhängige Kopplungsbewertung ungeeignet.

Hennebicq u. a. [Hen+09] beschreiben den modalen Energieaustausch auf molekularer Ebene. Starke bzw. schwache Kopplung ist in dieser Publikation bedingt durch den Abstand von Resonanzfrequenzen. Dem Anwendungsfall der strukturakustischen Kopplung wird dieser Ansatz nicht gerecht, da keine Berücksichtigung geometrischer Kopplung vorgesehen ist.

In Bezug auf die im vorangegangenen Abschnitt aufgeführten Ansätze verwenden Liu u. a. [LDC18], Ji, N. Wang u. a. [Ji+21], Tsuchiya u. a. [TMI16] und Hennebicq u. a. [Hen+09] zwar Kenngrößen, die sich auch über unterschiedliche Systeme vergleichen lassen. Die betrachteten Parameter decken allerdings jeweils nur einen Teilaspekt einer Fluid-Struktur-Interaktion ab und sind somit als globaler Wert zur Kopplungsbewertung nicht geeignet.

4.2.3.3 Energievergleich der Teilsysteme

Die letzte Gruppe der in diesem Abschnitt aufgeführten Arbeiten nutzt den Energieaustausch zwischen den gekoppelten Teilsystemen zur Quantifizierung der Interaktion. Ji, Qiu u. a. [Ji+12] beschreiben die Kopplung von Moden einer aktiv beruhigten Struktur aufgrund eines nichtlinearen Regelungsgesetzes. Die Autoren verwenden hierfür einen Quotienten aus übertragener und maximal vorhandener Energie der beteiligten Moden. Der resultierende „Kopplungseffekt-Index“[2] weist Werte zwischen Null für eine schwache und Eins für eine starke Kopplung aus. Eine mögliche Änderung der Eigenformen oder -frequenzen der beteiligten Moden infolge der Kopplung ist nicht Gegenstand der Untersuchung. Obwohl die Autoren mit der aktiv beruhigten Struktur nur ein einzelnes System ohne zunächst abgrenzbare Teilsysteme beschreiben, erlaubt die Betrachtung einzelner Moden eine Übertragung auf ein Ensemble zunächst entkoppelter Teilsysteme.

Am Beispiel eines Pendels aus Masse und drehbar gelagerter Feder beschreiben de Sousa u. a. [de +18] den Kopplungszustand der Systeme Faden- und Federpendel

[2] „coupling effect index“ im englischen Original.

anhand der Konzentration der Energie und unterscheiden hierbei zwischen Energie im ersten oder zweiten Teilsystem sowie solcher Energie, die keinem Teilsystem permanent zuzuordnen ist, diese klassifizieren die Autoren als Kopplungsenergie. Diese Einteilung nutzen die Autoren dann für quantitative Aussagen über die Kopplungsstärke in Abhängigkeit der Anregungsfrequenz.

Ein weiterer Ansatz zur einheitlichen Quantifizierung der Kopplungsstärke einer ganzen Gruppe von Systemen findet sich auf dem Gebiet der Funktionswerkstoffe. Hier finden unter anderem piezoelektrische Keramiken Anwendung zur Umwandlung von elektrischer in mechanische Energie. Zur Beschreibung der Kopplung des mechanischen mit dem elektrischen Teilsystem über eine solche piezoelektrische Keramik verwendet dieses Forschungsfeld einen Kopplungskoeffizienten, der die gewandelte mechanische Energie zur ursprünglich vorhandenen Energie in Beziehung setzt, siehe Rupitsch [Rup19, S. 57] oder Sinapius [Sin21, S. 49].

Den drei Ansätzen ist gemein, dass sie zur Verwendung von Energiegrößen nur wenige Annahmen über konkrete Eigenschaften der Teilsysteme treffen. Dies lässt die Möglichkeit der Übertragung in eine Methode zur Quantifizierung niederfrequenter Fluid-Struktur-Kopplung offen, ähnlich der Ansätze bei Pan und Bies [PB90] und Egab und X. Wang [EW22], vgl. Abschn. 4.2.1.5 und 4.2.2.9.

4.2.3.4 Zusammenfassung und Fazit

Eine Übersicht der in den vorigen Passagen zusammengetragenen Publikationen ist in Tab. 4.3 dargestellt.

Diese Publikationen werden in diesem Abschnitt in drei Gruppen eingeteilt. Zunächst sind hier Ansätze zu nennen, die einen spezifischen Parameter des untersuchten Systems, wie eine mechanische Steifigkeit [Che+18, CR09, KZ21, PG08] oder einen elektrischen Widerstand [Yam82] als Größe zur Bewertung der Kopplungsstärke verwenden. Diese Ansätze sind zwar geeignet, um eine relative Schwächung oder Stärkung der Kopplung in Bezug auf eine Referenzkonfiguration des untersuchten Systems anzuzeigen, bieten aber keine absolute Aussage bezüglich einer starken oder schwachen Kopplung. Darüber hinaus erscheinen solche frequenzunabhängigen Parameter nur bedingt geeignet, um ggf. komplexe Frequenzabhängigkeiten der Kopplungsstärke abzubilden.

Eine zweite Gruppe verwendet zur Beschreibung der Kopplung Distanzfunktionen zwischen modalen Parametern der gekoppelten Teilsysteme wie Eigenformen [LDC18, Ji+21, TMI16] oder -frequenzen [Hen+09]. Diese Ansätze führen zunächst auf Werte, die über unterschiedliche Systeme hinweg vergleichbar sind. Im Hinblick auf das Ausgangsproblem der Kopplung einer flächigen Struktur mit einer Kavität erscheint allerdings der Fokus auf jeweils nur die Eigenformen oder -frequenzen zu eng für eine ausreichende Beschreibung. Darüber hinaus setzen die aufgeführten Methoden jeweils die entsprechenden Parameter einzelner Moden zueinander in Beziehung. Bei der Kopplung multimodaler Systeme führt dies dann nicht zu einem einzelnen Beiwert zur Kopplungsbewertung sondern zu einem ganzen Satz solcher

Tab. 4.3 Publikationen zu allgemein schwingungsfähigen Systemen

Publikation	Kriterium	Fazit
L. Chen u. a. [Che+18], Chivukula und Rhoads [CR09], Kan und Zhao [KZ21], Perc und Gosak [PG08] und Yamada [Yam82]	Wert eines systemspezifischen Parameters wie mechanische Steifigkeit oder elektrischer Widerstand	Wenig Vergleichbarkeit zwischen unterschiedlichen Systemen sowie wenige Freiheitsgrade zur Berücksichtigung von Frequenzabhängigkeiten
Liu u. a. [LDC18], Ji, N. Wang u. a. [Ji+21] und Tsuchiya u. a. [TMI16]	Quantifizierung der Kopplung einzelner Moden anhand Vergleichen von Eigenformen	Quantifizierung mit Vergleichbarkeit zwischen unterschiedlichen Systemen, allerdings ohne Frequenzabhängigkeit und globale Aussagekraft
Hennebicq u. a. [Hen+09]	Nähe von Resonanzfrequenzen	Aufgrund fehlender Berücksichtigung geometrischer Beziehungen kaum auf Fluid-Struktur-Kopplung übertragbar
Ji, Qiu u. a. [Ji+12], de Sousa u. a. [de +18], Rupitsch [Rup19] und Sinapius [Sin21]	Vergleich von Teilsystemenergien zur Quantifizierung des Kopplungsgrads	Wenige getroffene Annahmen über Systemeigenschaften, daher Übertragbarkeit auf Fluid-Struktur-Kopplung möglich

Koeffizienten, die dann je nach Anregung der einzelnen Moden und betrachtetem Frequenzbereich weiter zu interpretieren wären.

Die dritte Gruppe Publikationen bewertet die Kopplung der betrachteten Teilsysteme durch Vergleichen der jeweils vorliegenden (Schwingungs-)Energien. Die Ansätze ermöglichen dabei zum einen eine absolute Aussage über die Stärke der Kopplung. Zum anderen weisen die untersuchten Anwendungsfälle, von der Modenkopplung aufgrund eines nichtlinearen Regelungsgesetzes [Ji+12] über die Kopplung in einem nichtlinearen mechanischen System [de +18] bis zur elektromechanischen Kopplung durch Funktionswerkstoffe [Rup19, Sin21], auf eine breite Anwendbarkeit des Quantifizierungsprinzips und somit auch auf eine Übertragbarkeit zur Ausgangsfrage der Fluid-Struktur-Kopplung.

Der folgende Abschnitt fasst die Befunde zum Stand des Wissens aus den vorangegangenen Passagen zusammen und stellt die bzgl. Forschungsfrage 2 bestehende Wissenslücke heraus.

4.2.4 Fazit zum Stand des Wissens zur Kopplungsbewertung im Kontext der Fluid-Struktur-Interaktion

Die vorangegangenen Abschn. 4.2.1 bis 4.2.3 strukturieren den Stand des Wissens gemäß Recherchefrage 2 zur Quantifizierung der Kopplungsstärke interagierender Teilsysteme in drei Kategorien.

Die in Abschn. 4.2.1 diskutierten Arbeiten behandeln die Kopplung unterschiedlicher Strukturen mit einem eingeschlossenen Luftvolumen, also die Forschungsfrage 2 zugrunde liegende Art gekoppeltes System. Vor dem Hintergrund der in Abschn. 4.1 formulierten Anforderungen an ein Kopplungskriterium treffen diese Ansätze jedoch entweder zu starke Vereinfachungen, verwenden den Kopplungsbegriff eher im Sinn einer Einkopplung in ein Teilsystem denn einer Kopplung von Teilsystemen oder setzen Kenntnisse über die entkoppelten Teilsysteme voraus, die insbesondere für physische vorliegende Systeme nicht notwendigerweise verfügbar sind.

Abschn. 4.2.2 trägt Arbeiten aus dem Kontext der statistischen Energie-Analyse (SEA) zusammen. Die Methode der SEA sieht die Unterteilung großer Systeme in kleinere, miteinander gekoppelte Teilsysteme vor und schätzt anhand einer Beschreibung des Energieaustauschs zwischen diesen Systemen mittlere Werte der gesuchten Größen wie Druck oder Schnelle in diesen Teilsystemen ab. Wichtige Annahme der SEA ist die Schwache Kopplung der Teilsysteme, Definitionen und Kriterien beruhen aber meist auf Annahmen der SEA wie hoher modaler Überlappung und Dichte, die für Probleme der niederfrequenten Kopplung nicht gelten. Auf niederfrequente Probleme nicht unmittelbar anwendbar, jedoch übertragbar erscheinen lediglich einige energiebasierte Kriterien, die diese Annahmen nicht explizit voraussetzen.

Abschn. 4.2.3 betrachtet Veröffentlichungen zur Kopplung allgemein schwingungsfähiger Systeme über das konkrete Problem der Fluid-Struktur-Kopplung hinaus. Die hier vorgeschlagenen Kriterien beziehen sich allerdings entweder auf problemspezifische Parameter oder Teilaspekte der Systemdynamiken, die für Betrachtungen einer flächigen Fluid-Struktur-Kopplung nicht ausreichend erscheinen. Auszunehmen sind auch hier wieder Ansätze, die einen Vergleich der Teilsystemenergien verfolgen, was eine Übertragbarkeit möglich macht.

Der in den Abschn. 4.2.1 bis 4.2.3 aufgearbeitete Stand des Wissens enthält somit keine Methode, welche die Kopplungsstärke eines eingeschlossenen Fluids mit der umgebenden Struktur im niederfrequenten Bereich so quantifiziert, dass eine Aussage über die Zulässigkeit der Annahme schwacher Kopplung im Rahmen einer weiteren Modellierung möglich ist. Forschungsfrage 2 ist somit zunächst weder positiv noch negativ abschließend beantwortbar. Allerdings existieren für verwandte Fragen Kriterien, deren Ansatz des Vergleichs von Energien der Teilsysteme auch für die vorliegende Fragestellung anwendbar erscheint. Eine Umsetzung einer solchen Quantifizierung tieffrequenter Fluid-Struktur-Kopplung ist im Stand des Wissens zwar nicht vorhanden, allerdings auch keine Untersuchung, die gegen die Aussagekraft eines solches Kriterium sprechen würde. Diese Forschungslücke adressiert der folgende Abschn. 4.3 durch Formulierung einer entsprechenden Hypothese sowie der Definition eines Vorgehens zu ihrer Untersuchung.

4.3 Ein energiebasiertes Kopplungskriterium

Anhand der Ergebnisse des vorangegangenen Abschnitts postuliert Forschungshypothese 2 als Ausgangspunkt der Untersuchungen dieses Kapitels die Eignung eines frequenzabhängigen, energiebasierten Vergleichs zur Bewertung der Kopplungsstärke:

Forschungshypothese 2 Quantifizierbarkeit der Kopplungsstärke
Für ein gekoppeltes Fluid-Struktur-System, in dem sich überwiegend stehende Wellen ausbilden, ermöglicht ein Vergleich der Energien der Teilsysteme eine quantitative Aussage über die Kopplungsstärke im Sinne einer Abweichung zum Verhalten der ungekoppelten Teilsysteme.

Die Hypothese schränkt den Untersuchungsgegenstand dabei auf die Ausbildung stehender Wellen in den Teilsystemen sowie im gekoppelten Gesamtsystem ein, da der Ansatz der Einstrahlungsbeschreibung durch Schalleinstrahlungsformen auf diese abzielt.

Als einfache Form des Vergleichs der Teilsystemenergien wird für dieses Kapitel deren Quotient verwendet. Das zu untersuchende, frequenzabhängige Kriterium zur Bewertung der Kopplungsstärke der Teilsysteme eines strukturakustischen Gesamtsystems lautet dann

$$k_{FS}(\omega) = \frac{E_F(\omega)}{E_S(\omega)} \tag{4.1}$$

mit dem Kopplungskoeffizienten $k_{FS}(\omega)$, der im angeregten Fluid vorhandenen Energie $E_F(\omega)$ sowie der Energie der anregenden Struktur $E_S(\omega)$.

Ziel einer Quantifizierung der Kopplungsstärke vor dem Hintergrund der Schalleinstrahlung in Kavitäten auf Basis von Schalleinstrahlungsformen ist insbesondere die Einordnung der Kopplung der Teilsysteme in die in Abschn. 4.1 beschriebenen Kategorien. Zentral ist hierbei eine Aussage zu Abweichungen vom Verhalten der ungekoppelten Referenz-Teilsysteme. Dies erfordert zum einen eine Kenntnis des Verhalten der entkoppelten Teilsysteme, zum anderen eine Einstellbarkeit dieser Kopplungsstärke, um verschiedene Referenzfälle zur Überprüfung des Kriteriums in Gl. 4.1 zur Verfügung stellen zu können. Hierfür wird in diesem Kapitel die Untersuchung anhand eines numerischen Modells gewählt.

Arbeitshypothese 2.1 Bereitstellung von Referenzen
Ein numerisches Modell eines generischen Fluid-Struktur-Systems ermöglicht die Validierung des energiebasierten Kopplungskriteriums durch die gezielte Einstellung der Kopplungsstärke über die Manipulation der Eigenschaften eines Teilsystems.

Die Auswertung des vorgeschlagenen Kriteriums nach Gl. 4.1 kann dann durch Summierung der Energien der einzelnen Struktur- bzw. Fluidelemente des numerischen Modells erfolgen.

Für eine harmonische Anregung mit der Kreisfrequenz Ω sowie dem komplexen Vektor $\underline{u_E}(\Omega)$ der Auslenkung der Knoten eines Elements infolge dieser Anregung ergeben sich die mittlere kinetische Elementenergie $E_{E,KIN}$ und die mittlere potentielle Elementenergie $E_{E,POT}$ über eine Periode $\frac{2\pi}{\Omega}$ zu [ANS20]

$$E_{E,KIN} = \frac{\Omega^2}{4}\left(\underline{u_{E,RE}}^T \underline{\underline{m_E}}\, \underline{u_{E,RE}} + \underline{u_{E,IM}}^T \underline{\underline{m_E}}\, \underline{u_{E,IM}}\right) \tag{4.2}$$

bzw.

$$E_{E,POT} = \frac{1}{4}\left(\underline{u_{E,RE}}^T \underline{\underline{k_E}}\, \underline{u_{E,RE}} + \underline{u_{E,IM}}^T \underline{\underline{k_E}}\, \underline{u_{E,IM}}\right) \tag{4.3}$$

mit der Massenmatrix $\underline{\underline{m_E}}$, der Steifigkeitsmatrix $\underline{\underline{k_E}}$ und dem Real- bzw. Imaginärteil des Antwortvektors $\underline{u_{E,RE}(\Omega)}$ bzw. $\underline{u_{E,IM}(\Omega)}$ des Elements. Für stehende Wellen genügt dann die Betrachtung jeweils einer Energieform der Teilsysteme zur Berechnung des Quotienten nach Gl. 4.1, da alle Beobachtungspunkte gleichzeitig ihre maximale Auslenkung bzw. Geschwindigkeit erreichen. Im Folgenden wird daher zur Bestimmung des k_{FS}-Werts für die Fluidenergie E_F die akustische potentielle Energie

$$E_F = \sum_{n_F=1}^{N_{E,F}} E_{E,KIN,n_F}, \tag{4.4}$$

und für die Strukturenergie E_S die strukturelle kinetische Energie

$$E_S = \sum_{n_S=1}^{N_{E,S}} E_{E,POT,n_s} \tag{4.5}$$

als Summe über die Energien aller Fluidelemente $N_{E,F}$ bzw. aller Strukturelemente $N_{E,S}$ ausgewertet. Diese Wahl erfolgt vor dem Hintergrund einer möglichen experimentellen Umsetzung. Die akustische potentielle Energie wäre durch Vermessung des Druckfeldes z. B. durch ein Mikrofonarray bestimmbar, die strukturelle kinetische Energie bei bekannter Massenverteilung durch Vermessung des Schnellefeldes, z. B. mittels Laser-Scanning-Vibrometer.

Den Aufbau des Basismodells, seine zur Realisierung der verschiedenen Kopplungsfälle gewählten Parametrisierungen sowie die Auswertung des Kopplungskriteriums an diesen Testfällen behandelt das folgende Unterkapitel.[3]

4.4 Untersuchung des Kopplungskriteriums

Den grundsätzlichen Aufbau des im Folgenden verwendeten Modells stellt Abb. 4.1 dar.

Das Modell besteht aus einem quaderförmigen, an 5 Seiten mit starren Wänden abgeschlossenen Luftvolumen und einer flexiblen Plattenstruktur als Abschluss der 6. Seite. Dem Luftvolumen sind als Randbedingungen die Kontinuität der normalen Schnelle an den Berandungsflächen aufgeprägt, der Platte eine gelenkige Lagerung der Kanten. Interaktionsbedingung zwischen Struktur und Fluid ist ebenfalls die Kontinuität der normalen Schnelle. Zur Anwendung des in Gl. 4.1 definierten Kopplungskoeffizienten ist nahe der linken unteren Ecke eine Kraft aufgeprägt, mittels harmonischer Analyse in einem gewählten Frequenzbereich ermöglicht dies eine Berechnung der Antwort des gekoppelten Systems und eine Diskussion des vorgeschlagenen Kopplungskriteriums. Die Modellparameter für Struktur, Fluid und Anregung führt Tab. A.1 in Anhang A zusammen. Dort ist auch eine kurze Diskussion der getroffenen Dämpfungsannahmen zu finden.

Als Referenz für das gekoppelte System sind zunächst die Eigenschaften der entkoppelten Teilsysteme zu untersuchen. Das entkoppelte Teilsystem Struktur wird hierzu durch die Platte ohne Kontakt zum Fluid unter Beibehaltung der Randbedingung einer gelenkigen Lagerung modelliert. Das entkoppelte Teilsystem Fluid ersetzt die flexible Plattenstruktur durch eine starre Wand und weist somit eine allseitig schallharte Berandung auf. Zur Charakterisierung werden hier die Eigenformen in Auslenkung bzw. Druck verwendet, exemplarisch sind in Abb. 4.2 eine Fluid- und eine Plattenmode der entkoppelten Teilsysteme dargestellt.

Zur Nomenklatur der Moden ist anzumerken, dass für die entkoppelten Teilsysteme aufgrund der Wahl der Randbedingungen auch analytische Lösungen für

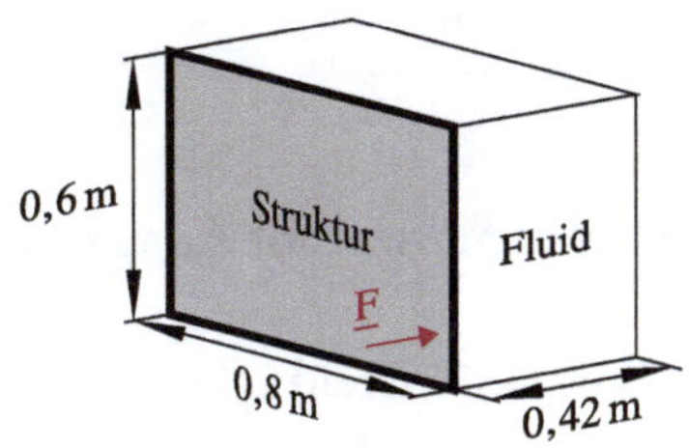

Abb. 4.1 Aufbau des Modells zur Untersuchung des Kopplungskriteriums mit gelenkig gelagerter Platte und schallhart berandeter Kavität

[3] Die in Abschn. 4.4 dargestellte Methodik, das zugrunde liegende Modell sowie die erzielten Simulationsergebnisse entstammen der im Kontext dieser Dissertation betreuten Abschlussarbeit von Buttler [But21]

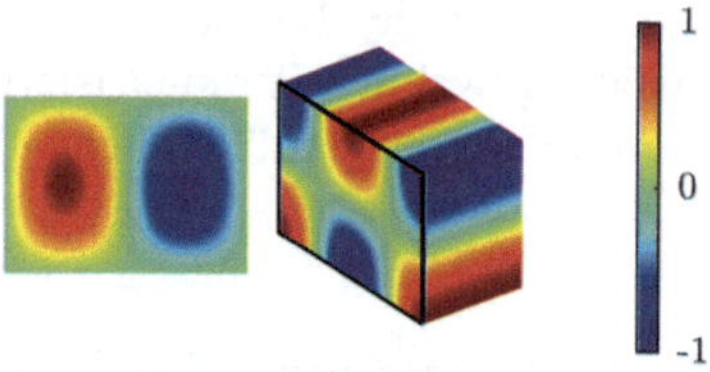

Abb. 4.2 (2,1)-Plattenmode (links) und (2,1,0)-Fluidmode (rechts) und der entkoppelten Teilsysteme. (Nach [But21])

Tab. 4.4 Eigenfrequenzen der Kavität und der Platte

	Kavität		Platte
Form	Eigenfrequenzen [Hz]	Form	Eigenfrequenzen [Hz]
0,0,0	0	1,1	31
1,0,0	214	2,1	65
0,1,0	286	1,2	92
1,1,0	357	3,1	122
0,0,1	408	2,2	126
2,0,0	429	3,2	182
1,0,1	461	1,3	193
0,1,1	498	2,3	202

die Eigenformen existieren. Diese ergeben sich durch Überlagerung von Kosinus- (Fluid) bzw. Sinushalbwellen (Struktur) in den jeweiligen Koordinatenrichtungen. Die Ordnungszahl entspricht dabei der Anzahl Halbwellen je Koordinatenrichtung. Tab. 4.4 gibt die jeweils ersten 8 numerisch bestimmten Eigenfrequenzen der entkoppelten Teilsysteme sowie die zugehörigen Ordnungszahlen der Eigenformen wieder.

Der Ansatz zur Beeinflussung der Kopplungsstärke besteht im Folgenden darin, durch geeignete Manipulation der Platte unter Kenntnis der entkoppelten Eigenformen und -frequenzen beider Teilsysteme gezielt in einem ausgewählten Frequenzbereich eine Kopplung entsprechend der Kopplungsfälle „schwach“, „partiell“ und „stark“ in Abschn. 4.1 einzustellen. Die Auswertung des Kopplungskriteriums nach Gl. 4.1 erfolgt dann am gekoppelten System anhand der Schwingformen des Teilsystems Fluid. Die modifizierten Elastizitätsmoduln sind in Tab. A.1 in Anhang A aufgenommen.

4.4.1 Schwache Kopplung

Als erster Referenzfall wird das gekoppelte Systemverhalten im Bereich der ersten beiden Eigenfrequenzen bei 214 Hz und 286 Hz des entkoppelten Fluids betrachtet. Die Struktur wird hierfür durch eine Erhöhung des Elastizitätsmoduls so modifiziert, dass die erste Resonanzfrequenz oberhalb dieser Fluidresonanzen außerhalb des dargestellten Frequenzbereichs bei etwa 400 Hz liegt. Die resultierende Systemantwort

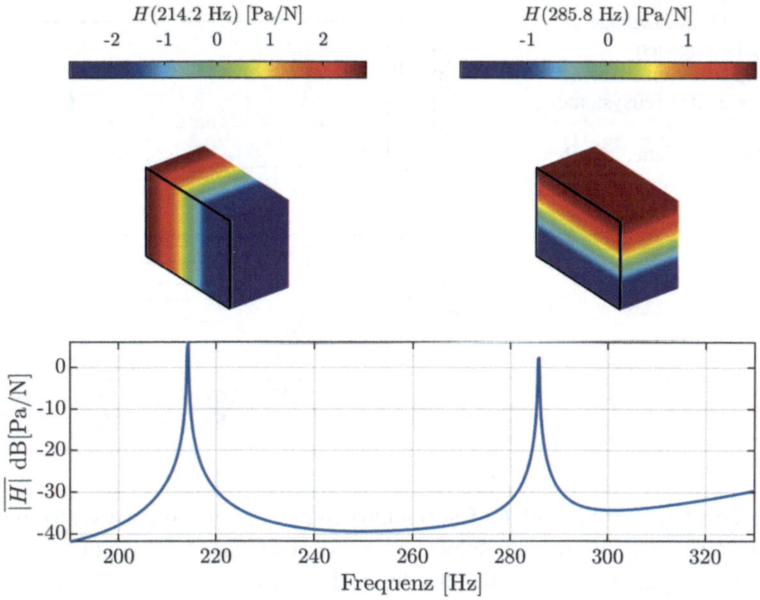

Abb. 4.3 Frequenzgang der bezogenen mittleren Druckamplitude mit Schwingformen des Drucks in den Eigenfrequenzen des gekoppelten Systems für Anregung der modifizierten Platte. (Nach [But21])

in Form des Frequenzgangs der mittleren bezogenen Antwort von harmonischer Kraftanregung zu Druck in der Kavität sowie die Schwingformen in den Überhöhungen dieses Frequenzgangs sind in Abb. 4.3 dargestellt.

Der dargestellte Frequenzgang weist lediglich Überhöhungen in den Resonanzfrequenzen der entkoppelten Kavität auf. Eine numerische Modalanalyse des gekoppelten Systems liefert Eigenfrequenzen, die denen der entkoppelten Kavität entsprechen. Die Schwingformen in den Frequenzgangsspitzen stimmen darüber hinaus in Lage, Anzahl und Ausrichtung der Knotenebenen mit den Eigenformen der entkoppelten Kavität überein. Somit liegt hier eine minimale Beeinflussung des Kavitätsverhaltens durch eine Kopplung mit der anregenden Platte vor und daher eine schwache Kopplung im Sinne der Definition in Abschn. 4.1.

Die anhand Gl. 4.4 und 4.5 berechneten Energien der Teilsysteme für den in Abb. 4.3 dargestellten Frequenzbereich des ersten Testfalls sowie der Verlauf des vorgeschlagenen Kopplungskriteriums nach Gl. 4.1 sind in Abb. 4.4 dargestellt.

Der Verlauf der strukturellen kinetischen Energie über der Frequenz weist lediglich einen leichten, kontinuierlichen Anstieg auf, jedoch keine Überhöhungen oder Einbrüche im betrachteten Frequenzbereich. Dies ist aufgrund der im Frequenzgang der gemittelten Druckamplitude sowie der APE deutlich vorhandenen Überhöhungen in den Eigenfrequenzen des entkoppelten akustischen Teilsystems insofern bemerkenswert, als auch in diesen Resonanzfrequenzen der erhöhte Energieinhalt des Gesamtsystems keine Auswirkung auf den Energieinhalt des strukturellen

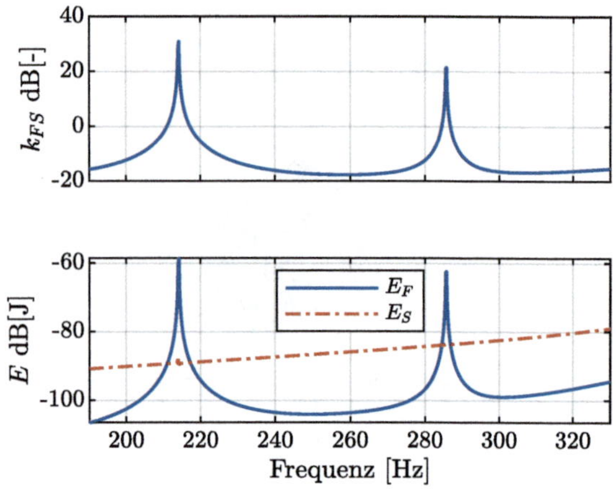

Abb. 4.4 Frequenzgänge des vorgeschlagenen Kopplungskriteriums sowie der Energien der Teilsysteme für Anregung der resonanzfreien Platte. (Nach [But21])

Teilsystems hat. Der Verlauf der Energiekurven der Teilsysteme weist also insbesondere im Vergleich auf eine nur schwache bis vernachlässigbare gegenseitige Beeinflussung des dynamischen Verhaltens der Teilsysteme.

Demgegenüber weißt der Verlauf des hier als Kopplungskriterium zu untersuchenden Energiequotienten an den 4 Schnittpunkten der Energieverläufe jeweils den Wert 1 auf. Gemäß Forschungshypothese 2 würde eine solche Gleichverteilung der Systemenergie auf die einzelnen Teilsysteme eine Kopplung der Teilsysteme anzeigen. Aufgrund der fehlenden Ausschläge im Verlauf der Energie des strukturellen Teilsystems liegt im betrachteten Frequenzbereich allerdings gemäß der Klassifikation der Kopplungsarten in Abschn. 4.1 offensichtlich eine durchgängig schwache Kopplung vor. Der bloße Energievergleich der Teilsysteme lässt für das betrachtete System somit ohne zusätzliche Betrachtung des Verlaufs der Teilsystemenergien keine zuverlässige Aussage über das Ausmaß der Kopplung zu. Das Verhalten des Energiequotienten, wenn tatsächlich eine Kopplung der Teilsysteme vorliegt, behandelt der folgende Abschnitt.

4.4.2 Partielle Kopplung

Zur Herbeiführung einer ausgeprägten Interaktion wird in diesem Abschnitt eine Konfiguration der Struktur betrachtet, die geometrisch kompatible Eigenformen der entkoppelten Teilsysteme mit gleichen Eigenfrequenzen aufweist. Verwendet werden hierzu die (1,1,0)-Fluidmode sowie die (2,2)-Plattenmode, dargestellt in Abb. 4.5.

Als Maß für die geometrische Kompatibilität dient ein Vergleich der Platten- und der auf die Interaktionsfläche reduzierten Kavitätseigenform anhand des KOR-Werts. Der KOR-Wert weist zwei verglichenen Vektoren einen Wert der Ähnlichkeit zwischen 0 (keine Ähnlichkeit bzw. Orthogonalität) und 1 (Parallelität) zu. Ein hoher KOR-Wert begünstigt daher die Kopplung von Platten- und Fluidmode, ein Wert

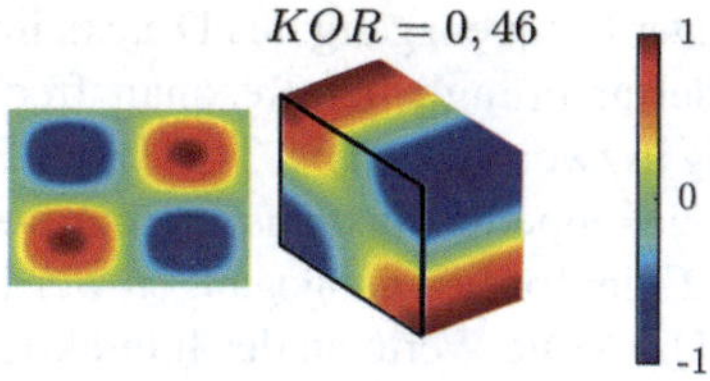

Abb. 4.5 Eigenformen der mittels Variation des Elastizitätsmoduls der Struktur bzgl. der Eigenfrequenzen anzugleichenden Moden der entkoppelten Teilsysteme. (Nach [But21])

gleich oder nahe 0 unterdrückt sie. Für Definition und weiterführende Diskussion des KOR-Werts sei an dieser Stelle auf Abschn. 5.3 verwiesen.

Die Angleichung der Eigenfrequenzen erfolgt wiederum durch Manipulation des Elastizitätsmoduls des Plattenmodells, sodass die Eigenfrequenz der entkoppelten Plattenmode mit derjenigen der entkoppelten (1,1,0)-Fluidmode bei 357 Hz zusammenfällt. Der Wert des Korrelationskriteriums von 0,46 indiziert zwar keine vollständige lineare Abhängigkeit der verglichenen Schwingformen, zeigt aber, dass Platten- und Fluideigenform an der jeweils anderen Arbeit verrichten können, also eine Anregbarkeit gegeben ist.

Der Frequenzgang des mittleren Druckverlaufs des aus Fluid und modifizierter Platte gekoppelten Modells sowie die sich in den Überhöhungen dieses Frequenzgangs einstellenden Druckverteilungen in der Kavität sind in Abb. 4.6 dargestellt.

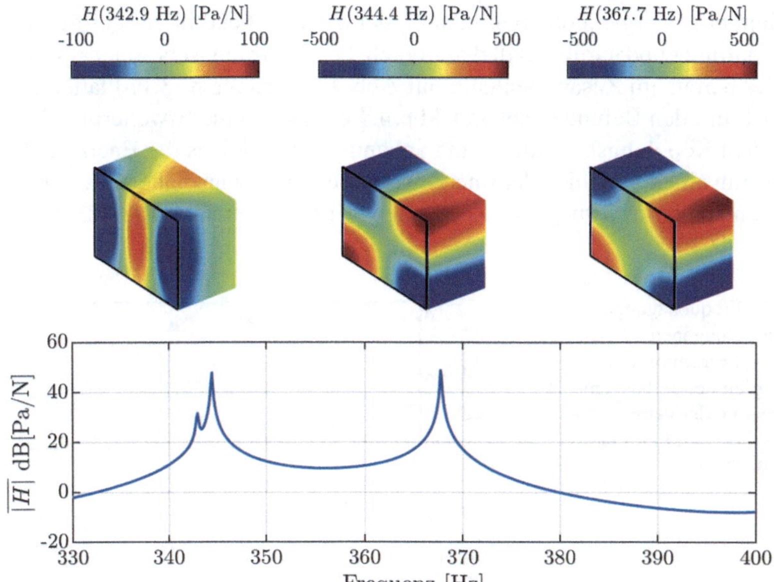

Abb. 4.6 Frequenzgang der bezogenen mittleren Druckamplitude mit Schwingformen des Drucks in den Eigenfrequenzen des gekoppelten Systems für Anregung der gemäß Abb. 4.5 modifizierten Platte. (Nach [But21])

Der Frequenzgang des Drucks im gekoppelten Systems weist keine Überhöhung in der ursprünglichen Resonanzfrequenz bei 357 Hz auf, sondern zeigt eine Aufteilung in zwei Spitzen bei 344 Hz und 368 Hz. Diese stimmen mit den Eigenfrequenzen des gekoppelten Systems überein, sodass von einer Dominierung der Schwing- durch die Eigenformen ausgegangen werden kann.

Die KOR-Werte an der Interaktionsfläche der neuen Druckverteilungen zur alten Druckverteilung in Abb. 4.5 betragen jeweils nahezu 1 (0,998 bzw. 0,996). Unter der Annahme, dass die Anregbarkeit des Fluids und somit die Impedanzmatrix der Innenraumeinstrahlung durch die Druckverteilung an der Interaktionsfläche bestimmt wird, liegt dann nach der Definition in Abschn. 4.1 eine partielle Kopplung vor, bei der sich die Effizienz der Einstrahlung durch die Kopplung der Teilsysteme ändert, die geometrischen Parameter der Einstrahlung aber nahezu unverändert bleiben.

Der in der Amplitude um eine Größenordnung kleinere Peak bei 343 Hz rührt aus der Resonanzfrequenz einer durch die strukturelle (3,1)-Mode dominierten Eigenform. Da keine akustische Eigenform mit passender Amplitudenverteilung in frequenzmäßiger Nähe liegt, vgl. Tab. 4.4, fällt die Amplitude entsprechend geringer aus.

Die Energien der Teilsysteme für den in Abb. 4.6 dargestellten zweiten Testfall sowie der Verlauf des Kopplungskriteriums über der Frequenz sind in Abb. 4.7 dargestellt.

Die Teilsystemenergien verlaufen zwischen den beiden „neuen" Peaks in der gleichen Größenordnung, darunter und darüber dominiert die strukturelle Energie. Das Kriterium des Energiequotienten verläuft dementsprechend in diesem Bereich auch nahe 1, darunter und darüber fällt der Wert ab. Dieser Abfall ist besonders steil im Bereich der bereits im Zusammenhang mit Abb. 4.6 erwähnten (3,1)-Plattenmode. Im Vergleich mit den Befunden anhand Abb. 4.4 erscheint eine Erweiterung der vorgeschlagenen Kopplungsquantifizierung anhand des Vergleichs der Energien der Subsysteme um einen Vergleich der Energieverläufe in Resonanznähe vielversprechend. Die anhand Abb. 4.6 vorliegende Kopplung von (2,2)-Platten- und (1,1,0)-Fluidmode

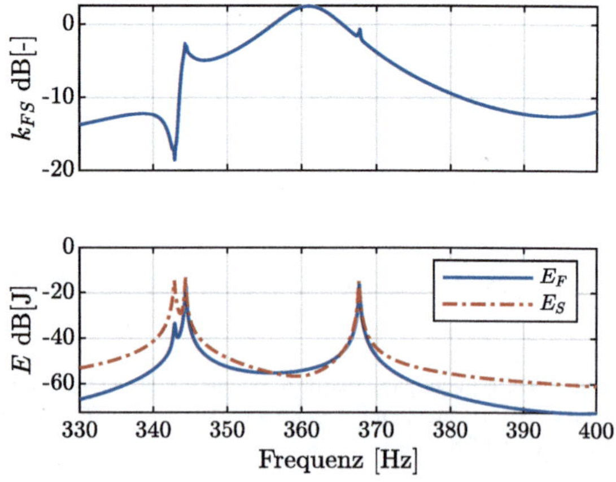

Abb. 4.7 Frequenzgänge des vorgeschlagenen Kopplungskriteriums sowie der Energien der Teilsysteme für Anregung der gemäß Abb. 4.5 modifizierten Platte. (Nach [But21])

schlägt sich dann in einem Koeffizienten nahe 1 sowie einem ähnlichen Verlauf der Frequenzgänge der Teilsystemenergie nieder. Zur Überprüfung dieser zusätzlichen Forderung betrachtet der folgende Abschnitt eine weitere Konfiguration mit einer Kopplung der Teilsysteme. Aufgrund der deutlichen Unterschiede zwischen den Verläufen in den Abb. 4.4 und 4.7 wird an dieser Stelle auf eine Quantifizierung der geforderten Ähnlichkeit verzichtet.

4.4.3 Starke Kopplung

Für den dritten zu untersuchenden Fall erfolgt eine Verschiebung der Eigenfrequenzen der Platte derart, dass sich eine potentielle Kopplung einer Platteneigenform mit mehreren Fluideigenformen ergibt, dargestellt in Abb. 4.8.

Hierzu wird die Eigenfrequenz der (1,1)-Plattenmode an die Eigenfrequenz von 409 Hz der (0,0,1)-Fluidmode angeglichen mit der bei 429 Hz ebenfalls benachbarten und aufgrund des nicht verschwindenden KOR-Werts potentiell koppelnden (2,0,0)-Mode der entkoppelten Kavität.

Der Frequenzgang der gemittelten Druckamplitude des aus Fluid und modifizierter Platte gekoppelten Modells sowie die Schwingformen des Fluids in den Spitzen des Frequenzgangs stellt Abb. 4.9 dar.

Im Frequenzgang der Druckamplitude des gekoppelten System ergeben sich bei Anregung der modifizierten Platte 3 Peaks im Frequenzbereich nahe der angepassten Platteneigenfrequenz. Bezogen auf die Interaktionsfläche ist die zu 388 Hz gehörende Schwingform der (0,0,1)-Fluidmode ähnlich ($KOR = 0{,}96$), deren entkoppelte Eigenfrequenz bei 409 Hz liegt, sodass hier analog zu den Beobachtungen anhand Abb. 4.6 die Kopplung als partiell klassifiziert werden kann. Für die Korrelation zwischen (0,2,0)-Fluidmode und den Schwingformen bei 423 Hz bzw. 432 Hz betragen die KOR-Werte jedoch lediglich 0,72 bzw. 0,71. Die Eigenfrequenzen des gekoppelten Systems entsprechen den Frequenzen der Amplitudengangsspitzen bei 388 Hz, 423 Hz und 432 Hz, sodass eine Dominierung der Schwingformen in diesen Spitzen durch die jeweilige Eigenform angenommen werden kann. Wiederum unter der Annahme, dass die Anregbarkeit des Fluids und somit die Impedanzmatrix der Innenraumeinstrahlung durch die Druckverteilung an der Interaktionsfläche bestimmt wird, liegt dann nach der Definition in Abschn. 4.1 eine starke Kopplung vor, bei

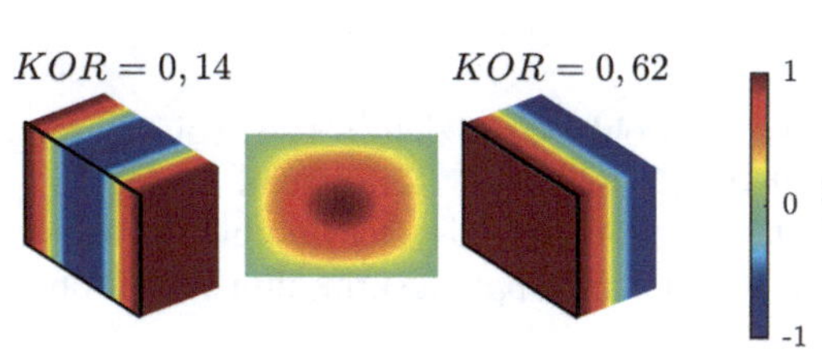

Abb. 4.8 Eigenformen der mittels Variation des Elastizitätsmoduls der Struktur bzgl. der Eigenfrequenzen anzugleichenden Moden der entkoppelten Teilsysteme. (Nach [But21])

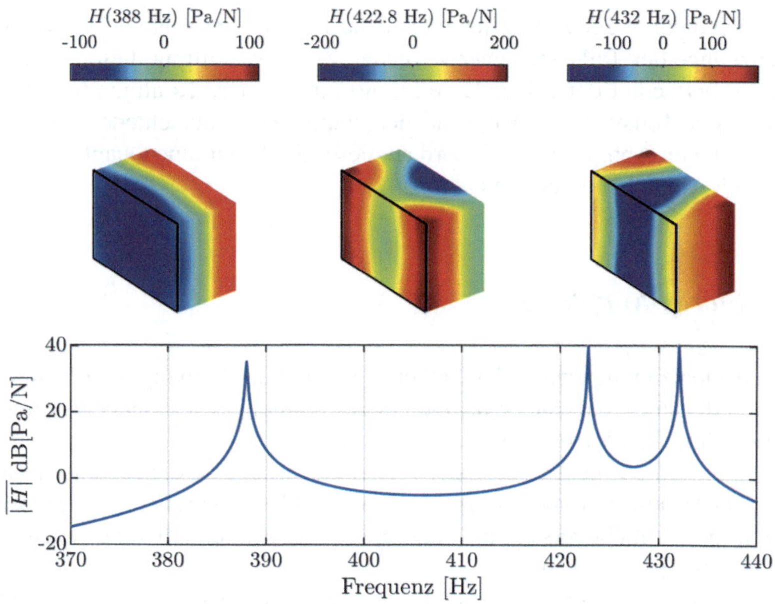

Abb. 4.9 Frequenzgang der bezogenen mittleren Druckamplitude mit Schwingformen des Drucks in den Eigenfrequenzen des gekoppelten Systems für Anregung der gemäß Abb. 4.8 modifizierten Platte. (Nach [But21])

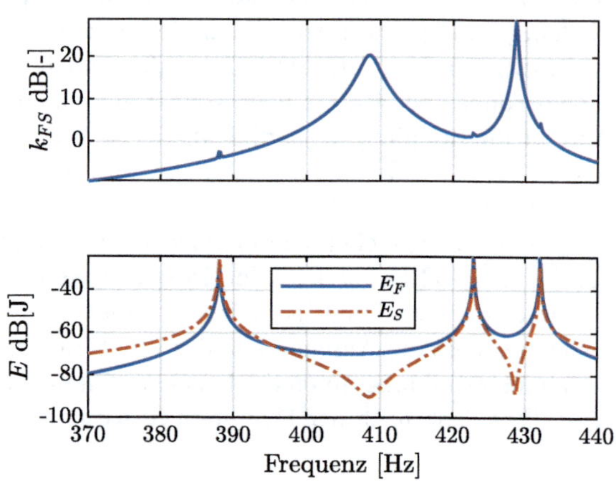

Abb. 4.10 Frequenzgänge des vorgeschlagenen Kopplungskriteriums sowie der Energien der Teilsysteme für Anregung der gemäß Abb. 4.8 modifizierten Platte. (Nach [But21])

der sich sowohl die Effizienz als auch die geometrischen Parameter der Einstrahlung durch die Kopplung der Teilsysteme ändern.

Den Verlauf der Teilsystemenergien sowie des aus dem Quotienten dieser Energien gebildeten Kopplungskriterium stellt Abb. 4.10 dar.

Der Energiequotient nimmt in allen 3 Resonanzfrequenzen Werte nahe 1 an. Weiterhin weisen die Verläufe der Teilsystemenergien nahe der Eigenfrequenzen ähnliche Verläufe auf, weichen allerdings im Gegensatz zu Abb. 4.7 im Bereich dazwischen voneinander ab. Der Verlauf der strukturellen Energie in Abb. 4.10 zwischen den Resonanzen entspricht dabei jeweils dem eines mechanischen Tilgersystems bei Anregung und Messung an der gleichen Masse, vgl. [Sin21, S. 294 ff.]. Dieses Verhalten wird auch durch Schultz und Davis [SD18] beschrieben. Die Tilgungsfrequenzen finden sich in den Resonanzfrequenzen der entkoppelten Kavität bei 409 Hz und 429 Hz. Eine mögliche Erklärung für das Fehlen eines solchen Tilgungseffekts im Rahmen der Kopplung der Teilsysteme in Abb. 4.7 liefert die frequenzmäßige Nähe der durch die (3,1)-Plattenmode dominierten Eigenform zur unteren der durch Kopplung von (2,2)-Platten- und (1,1,0)-Fluidmode entstandenen neuen Resonanzen in Abb. 4.6. Der Verlauf der strukturellen kinetischen Energie beinhaltet dann zusätzlich zu den gekoppelten Moden eine weitere überkritische, durch die (3,1)-Plattenmode dominierte Mode des gekoppelten Systems.

Ein Energiequotient nahe 1 sowie ähnliche Verläufe der Teilsystemenergien in Resonanznähe des Gesamtsystems in einer bestimmten Frequenz erscheint somit als geeigneter Indikator, dass die Annahme einer schwachen Kopplung in der Nähe dieser Frequenz unzulässig ist.

Eine Unterscheidung zwischen partieller und starker Kopplung erscheint anhand des vorgeschlagenen Indikators auch in seiner Erweiterung um die Resonanzbedingung allerdings nicht möglich. Eine solche Unterscheidung wäre möglich durch die Bestimmung der gekoppelten Eigenformen und entweder die Kenntnis bzw. Abschätzung der entkoppelten Eigenformen oder einer Sensitivitätsanalyse der gekoppelten Eigenformen bzgl. der Randbedingungen.

4.4.4 Potential der energetischen Bewertung niederfrequenter Kopplung

Entgegen Forschungshypothese 2 ist ein ähnlicher frequenzbezogener Energieinhalt der Subsysteme kein hinreichendes Kriterium für das Vorliegen einer partiellen oder starken Kopplung. Dies zeigt das Auftreten von Kopplungskoeffizienten $k_{FS}(f) \approx 1$ in den Abb. 4.4, 4.7 und 4.10, unabhängig von der anhand Eigenfrequenzen und -formen identifizierten Art der Kopplung. Gleichzeitig deutet die Koinzidenz von Werten des Kopplungskoeffizienten nahe 1 und dem Auftreten partieller bzw. starker Kopplung in den Abschn. 4.4.2 und 4.4.3 auf das Vorliegen einer notwendigen Bedingung. Partielle bzw. starke unterscheiden sich von der schwachen Kopplung dann durch die frequenzabhängigen Verläufe der Teilsystemenergien, für partielle und starke Kopplung zeigt sich hier ein ähnlicher Verlauf in Resonanznähe, für schwache Kopplung nicht. Eine Quantifizierung dieser Ähnlichkeit, entweder unter Hinzuziehung der Verläufe der Teilsystemenergien, oder sogar anhand des Verlaufs des Quotienten selbst, hat somit das Potential, eine hinreichende Bedingung für das Vorliegen nicht-schwacher Kopplung zu formulieren.

Nicht unterscheidbar auch anhand des erweiterten Kriteriums sind, für die untersuchten Testfälle, jedoch partielle und starke Kopplung. Da die Umsetzung einer schalleinstrahlungsformenbasierten Reduktion des Kabinenlärms jedoch wesentlich von der Konstanz der Eigenformen der Fluiddomäne abhängt, ist diese Unterscheidung zur Abschätzung einer Umsetzbarkeit einer solchen Regelung in einem konkreten System von großer Bedeutung. Ein „Anschlagen" auch eines um eine Ähnlichkeitsbewertung erweiterten energetischen Kopplungskriterium ist daher lediglich ein Indikator für ein Vorliegen nicht-schwacher-Kopplung. Zur Unterscheidung zwischen partieller und starker Kopplung wäre eine detailliertere Betrachtung des Kopplungsverhaltens anzuschließen, bspw. durch Manipulation eines Teilsystems und erneuter Bestimmung der Eigenschaften des gekoppelten Systems.

Der folgende Abschnitt führt abschließend die in den einzelnen Sektionen dieses Kapitels gewonnenen Erkenntnisse zusammen.

4.5 Erkenntnisse

Die vorangegangenen Abschnitte dieses Kapitel sind motiviert durch Forschungsfrage 2 nach der Quantifizierbarkeit der Kopplungsstärke eines Fluid-Struktur-Systems mit Blick auf die Zulässigkeit der Annahme schwacher Kopplung.

Abschn. 4.1 definiert hierzu zunächst die Kopplungstypen „schwach", „partiell" und „stark" und leitet daraus Anforderungen an ein Instrument zur Kopplungsbewertung ab.

Eine Aufarbeitung des Stands des Wissens zur Kopplung schwingungsfähiger Teilsysteme erfolgt in Abschn. 4.2. Die Zusammenstellung der publizierten Arbeiten zur Fluid-Struktur-Kopplung im niederfrequenten Bereich sind mit anders gelagerten Problemen befasst und können die vorliegende Fragestellung daher nicht beantworten. Zur Fluid-Struktur-Kopplung in höheren Frequenzbereichen liegen umfangreiche Untersuchungen vor, wegen frequenzbereichsbedingt zugrunde liegender Annahmen sind diese aber nicht direkt übertragbar. Von Kopplungskriterien zu allgemein schwingungsfähigen Systeme sind insbesondere solche mit Energiebetrachtungen meist mit den wenigsten systembezogenen Annahmen versehen und deshalb am ehesten auf die diesem Kapitel zugrunde liegende Fragestellung übertragbar.

Aus dieser vermuteten Übertragbarkeit leitet Abschn. 4.3 die Hypothese der Quantifizierbarkeit anhand einer Energiebetrachtung ab und formuliert ein im Stand des Wissens für die in dieser Arbeit betrachtete Art System noch nicht untersuchtes Kriterium anhand eines Quotienten der Teilsystemenergien des gekoppelten Systems.

Abschn. 4.4 formuliert auf Basis dieser Hypothese Testfälle für die in Abschn. 4.1 definierten Kopplungsarten und untersucht anhand dieser das vorgeschlagene Kriterium. Der zunächst betrachtete reine Quotient der Teilsystemenergien zeigt sich dabei als alleine nicht aussagekräftig, da für den untersuchten Testfall mit schwacher Kopplung dennoch Werte nahe 1 auftreten können, die gemäß Forschungshypothese 2 eine nicht-schwache Kopplung indizieren. Diese Uneindeutigkeit löst die Hinzunahme einer Resonanzbedingung, welche für die Verletzung einer schwachen Kopplung ein Verhältnis der Teilsystemenergien nahe 1 in der Umgebung einer Resonanz des gekoppelten Systems fordert. Diese Ergänzung ermöglicht für die definierten Testfälle mit partieller und starker Kopplung die Abgrenzung zwischen Gesamtsystemmoden, die von einem der Teilsysteme dominiert werden und solchen, in denen die Energie in beide Teilsysteme aufgeteilt ist. Für die untersuchten Testfälle ermöglicht das Kriterium des Energiequotienten somit die Überprüfung der Annahme schwacher Kopplung.

Die darüber hinaus angestrebte Trennung zwischen partieller Kopplung, bei der lediglich die Eigenfrequenzen, nicht aber die Eigenformen im Hinblick auf jene der entkoppelten Teilsysteme eine Änderung erfahren, und starker Kopplung, bei der beide Komponenten gegenüber den entkoppelten Teilsystemen eine Änderung erfahren, erscheint anhand des vorgeschlagenen Energievergleichs jedoch nicht möglich. Ein Wert nahe 1 in einer Resonanz des Gesamtsystems kann somit anhand der betrachteten Testfälle als starker Indikator einer Verletzung der Annahme schwacher Kopplung interpretiert werden, eine weitergehende Trennung zwischen partieller und starker Kopplung erforderte allerdings in diesem Fall weitergehende Untersuchungen zur Veränderung der Schwingformen der betrachteten Teilsysteme.

Gelingt hingegen der Nachweis einer schwachen Kopplung zwischen Kavität und Struktur, so ist gemäß Forschungsfrage 3 zu untersuchen, ob für die Beschreibung der Schalleinstrahlung in die Kavität durch Schwingungen der Struktur eine Formulierung durch frequenzunabhängige, orthogonale Schalleinstrahlungsformen für die fragliche Geometrie möglich ist. Dieser Frage widmet sich das folgende Kap. 5.

Kapitel 5
Orthogonale, frequenzunabhängige Schalleinstrahlungsformen irregulärer Kavitäten

Dieses Kapitel behandelt die in Abschn. 2.2 aufgeworfene Forschungsfrage 3 nach einer Methode zur Formulierung orthogonaler, frequenzunabhängiger Schalleinstrahlungsformen in Kavitäten beliebiger Geometrie. Unterkapitel 5.1 arbeitet hierzu den Stand des Wissens über den bereits zur Herleitung der Forschungsfrage in Abschn. 2.2.3 dokumentierten hinaus auf. Anhand dieses Wissensstands formuliert Abschn. 5.2 die zu untersuchende Forschungshypothese und stellt eine Arbeitshypothese bzgl. einer geeigneten Untersuchungsmethode auf. Unterkapitel 5.3 verfolgt diese zur Betrachtung der Bedingungen für eine Formulierung der Schalleinstrahlungsformen in kartesischen Koordinaten. Die Erkenntnisse anhand dieser Betrachtungen führen dabei auf eine Erweiterung der zuvor aufgestellten Hypothese. Diese Erweiterung untersucht Abschn. 5.4 mit dem Ziel der Identifikation einer hinreichenden Bedingung für die Formulierung orthogonaler, frequenzunabhängiger Schalleinstrahlungsformen. Die Erkenntnisse der vorangegangenen Abschnitte führt abschließend Unterkapitel 5.5 zusammen.

5.1 Stand des Wissens zur effizienten Formulierung struktureller Schalleinstrahlung in Kavitäten

Eine umfangreiche Zusammenstellung des Wissens zur Formulierung frequenzunabhängiger Schalleinstrahlungsformen ist in der Dissertation von Hesse [Hes16, S. 14 ff.] zu finden, Zusammenfassungen darüber hinaus in referierten Journal-Publikationen von Hesse, Papantoni u. a. [Hes+17] und Hesse [Hes18]. Aufgrund der mit diesen Publikationen einhergehenden wissenschaftlichen Qualitätssicherung durch Begutachtung wird daher hier die Vollständigkeit zum Zeitpunkt der Publikation angenommen. Fazit der Zusammenstellung durch Hesse [Hes16, S. 16 f.] ist

B. Hölscher, *Voraussetzungen der Existenz frequenzunabhängiger Schalleinstrahlungsformen*, Mechanics and Adaptronics,
https://doi.org/10.1007/978-3-662-72139-1_5

einerseits die Frequenzabhängigkeit der Schalleinstrahlungsformen im Stand des Wissens, andererseits der Mangel an Untersuchungen zur Formulierung dieser Formen durch analytische oder harmonisch-numerische Ansätze. Hesse erweitert dieses Wissen (vgl. Abschn. 2.1) um Formulierungen frequenzunabhängiger Schalleinstrahlungsformen für quader- und zylinderförmige Kavitäten, eine Formulierbarkeit für beliebige Geometrien bleibt jedoch gemäß Forschungsfrage 3 offen. Ziel dieses Unterkapitels ist daher die Erarbeitung des Wissensstands bzgl. Recherchefrage 3:

Recherchefrage 3 Schalleinstrahlung in Folge struktureller Anregung
Existieren Erweiterungen des bei Hesse dokumentierten Wissensstands bzgl. der Beschreibung der Schalleinstrahlung in eine Kavität durch strukturelle Anregung?

Hesse [Hes18] geht in einer Erweiterung der analytisch-numerischen Betrachtungen seiner Dissertation zur Zylinderkavität auf zwei Aspekte der Beschreibung der APE durch Schalleinstrahlungsformen ein. Zum Einen diskutiert er die Auswirkungen einer Verletzung der Schnellekontinuität von Struktur und Fluid an der Interaktionsfläche bei Kopplung der strukturellen und akustischen Moden. Hesse zeigt hier, dass auch eine Formulierung, die diese Forderung erfüllt, die gleichen Einstrahlungsformen liefert. Zum anderen entwickelt er einen Beteiligungskoeffizienten zur Auswahl der für eine aktive Beruhigung zu berücksichtigten Schalleinstrahlungsformen, da die Zylinderkavität deutlich selektiver mit den Strukturschwingformen koppelt als für den Fall der Quaderkavität mit flexibler Platte. Während Hesse somit wichtige Aspekte für die Implementierung einer strukturakustischen Beruhigung in einer Zylinderkavität klärt, ist die Arbeit nicht mit anderen Geometrien befasst. Die Publikation stellt somit keine Erweiterung des Wissensstands in Bezug auf die Formulierbarkeit der Schalleinstrahlungsformen für beliebige Geometrien gemäß Forschungsfrage 3 dar.

Moheit und Marburg [MM17; MM18] diskutieren eine Diskretisierungsmethode zur Beschreibung der Fernfeldabstrahlung durch spezielle Elemente, die bei Betrachtung im Zustandsraum auf eine Beschreibung der Abstrahlung durch frequenzunabhängige, orthogonale „Normal Modes“ führt. Im Hinblick auf die in älterer Literatur, z. B. bei Elliott und Johnson [EJ93], als frequenzabhängig beschriebenen Moden der Außenraumabstrahlung, erscheint daher eine Betrachtung der Übertragbarkeit auf Probleme der Innenraumeinstrahlung attraktiv. Die Normal Modes ergeben sich allerdings aus einer Orthogonalisierung der Zustandsraummatrizen der vollständigen Fluiddomäne anstelle der Impedanzmatrix an der Strukturoberfläche. Die Eigenvektoren sind somit nicht notwendigerweise parallel oder orthogonal an der Interaktionsfläche zwischen Struktur und Fluid, was für ein strukturakustisches Beruhigungskonzept mit rein struktureller Sensorik anzustreben wäre.

Gurbuz und Marburg [GM23] berechnen auf Basis einer Diskretisierung der Kavitätsberandung in Randelemente die akustische Energie in der Kavität. Sie nutzen diese als Bewertungsgrundlage der Beteiligung der Randflächen an der

Schalleinstrahlung in Abgrenzung zu Methoden mit Auswertung eines oder mehrerer lokaler Drücke. Die Autoren demonstrieren diesen Ansatz sowohl für eine einfache Kugel- als auch eine komplexe Fahrgastzellengeometrie. Dieser Ansatz erscheint somit zunächst von hoher Relevanz für die Beantwortung von Forschungsfrage 3, da es sich bei der Fahrgastzelle um eine irreguläre Kavität gemäß der Definition in Abschn. 2.2.3 handelt, deren Schalleinstrahlungsverhalten hier ausschließlich anhand der Randflächenschwingung beschrieben wird. Im Hinblick auf die Formulierung frequenzunabhängiger Schalleinstrahlungsformen ist allerdings nzumerken, dass, wie Preuss u. a. [Pre+22] ausführen, die verwendete Methode der Randelemente auf frequenzabhängige Systemmatrizen führt. Auch die Ergebnisse einer zum Zweck der Ableitung von Schalleinstrahlungsformen durchzuführenden Orthogonalisierung dieser Systemmatrizen wären somit frequenzabhängig und daher im Sinne von Forschungsfrage 3 nicht zielführend.

Kaizuka und Nakano [KN18] und Kaizuka, Iwamoto u. a. [KIN21] untersuchen an Quaderkavitäten die Möglichkeit einer akustisch wirksamen Strukturbeeinflussung mit dem Nebenziel einer Vermeidung der Erhöhung der Strukturschnelle. Anstelle der Modellierung anhand einer Orthogonalisierung der Schalleinstrahlungsbeschreibung bewerten die Autoren die Eigenformen der schwingenden Berandungsstruktur bezüglich ihres Beitrags zur akustischen potentiellen Energie in der Kavität und implementieren eine Beruhigung der Strukturmoden mit dem stärksten Beitrag. Die Validierung diese Konzepts erfolgt sowohl in einer numerischen [KN18] als auch in einer experimentellen Untersuchung [KIN21]. Im Frequenzbereich, für den die Autoren das Reduktionspotenzial ihrer Methode demonstrieren, bilden die akustischen Eigenformen der gewählten Beispiele allerdings entweder aufgrund der Positionierung der Anregung [KN18] oder der Abmessungen der Kavität [KIN21] bzgl. der Interaktionsfläche ebene Wellen aus. Folgerichtig identifizieren sowohl die numerische als auch experimentelle Untersuchung die fundamentale als die dominant einstrahlende Eigenform der anregenden Platte. Das Potenzial dieses Ansatzes bei mehreren relevanten akustischen Moden oder solcher höherer Ordnung bleibt somit unklar. Zudem zeigen Hesse, Papantoni u. a. [Hes+17] bzw. Hesse [Hes16, S. 87 ff.], dass bei einem strukturakustischen Beruhigungsansatz ohne Nebenziel einer Strukturschnellebeeinflussung eine Veränderung der Schwingform mit dem Hintergrund einer verminderten Einkopplung gegenüber der Amplitudenreduktion einer bestehenden Schwingform vorteilhaft sein kann, auch wenn diese in einer höheren Amplitude der mittleren Strukturschnelle resultiert.

In einer Reihe von Publikationen untersuchen Puri u. a. [PMG18a; PMG18b; PMG19a; PMG19b] verschiedene Ansätze zur Reduktion der APE in einer Kavität bei struktureller und akustischer Anregung. Diese Ansätze beinhalten die gleichzeitige Vermeidung der Erhöhung der Strukturschnelle infolge aktiver Strukturbeeinflussung [PMG18a], die Beschreibung der APE anhand einer Amplitudenbestimmung der akustischen Eigenformen in einer numerischen [PMG18b] und einer experimentellen Studie [PMG19a] sowie einer gesonderten Behandlung der APE-Bestimmung für irregulär geformte Kavitäten [PMG19b]. Die Bestimmung der APE im Innenraum erfolgt jedoch jeweils auf Basis von Mikrofonmessungen in der Kavität. Die Untersuchungen stellen somit keine Erweiterung des Wissensstands in Bezug auf die Beschreibung der APE in Abhängigkeit der Strukturschwingungen gemäß Forschungsfrage 3 dar.

Z. Zhang u. a. [Zha+20] sowie Jinlong, Haichao, Suwei u. a. [Jin+23b] demonstrieren an irregulären Kavitätsgeometrien Möglichkeiten zur Steigerung der Effizienz einer vibroakustischen Systemberechnung bei Verwendung von Ansatzfunktionen höherer Ordnung. Jinlong, Haichao, Suwei u. a. [Jin+23b] betrachten eine trapezoidal verformte Quaderkavität, Z. Zhang u. a. [Zha+20] eine vereinfachte Geometrie einer Automobilkarosserie. Beide Publikationen untersuchen jedoch weder eine mögliche Orthogonalisierung der Einstrahlungsbeschreibung noch erfolgt eine Trennung in frequenzabhängige und -unabhängige Aspekte der Formulierung, sodass das Potenzial zur Nutzung in einem strukturakustischen Beruhigungskonzept unklar bleibt.

Jinlong, Haichao, Jiuxiao u. a. [Jin+23a] verwenden Legendre-Polynome als Ansatzfunktionen zur numerischen Beschreibung der Schalleinstrahlung in eine unregelmäßig geformte Kavität durch eine flexible Randstruktur. Dieser Ansatz resultiert in einer Beschreibung der Strukturschwingung durch Moden der Schalleinstrahlung, allerdings in einer fixierten Frequenz, analog der Moden der Außenabstrahlung bei z. B. Elliott und Johnson [EJ93]. Eine Bestimmung dieser Moden in weiteren Frequenzen erfolgt nicht, sodass die Publikation keine Aussage zu ihrer Frequenzabhängigkeit trifft.

5.2 Hypothesen zu den geometrischen Voraussetzungen orthogonaler, frequenzunabhängiger Schalleinstrahlungsformen

Aus dem im vorangegangenen Abschnitt dokumentierten Stand des Wissens ergeben sich in Bezug auf Forschungsfrage 3 keine Erkenntnisse über die Untersuchungen bei Hesse [Hes16] hinaus. Die diesem Kapitel zugrunde liegende Forschungshypothese postuliert daher die allgemeine Existenz orthogonaler und frequenzunabhängiger Schalleinstrahlungsformen:

Forschungshypothese 3 Orthogonalität der Schalleinstrahlungsformen
Eine Orthogonalität der Eigenformen eines eingeschlossenen Fluids führt bei schwacher Kopplung mit der umgebenden schwingenden Struktur zu orthogonalen und frequenzunabhängigen Schalleinstrahlungsformen.

Diese Forschungshypothese enthält zunächst zwei wesentliche Einschränkungen des Untersuchungsgegenstands:

1. **Schwache Kopplung**
   Die Eingrenzung des Untersuchungsgegenstands auf schwach gekoppelte Fluid-Struktur-Systeme gemäß der Definition in Abschn. 4.1 impliziert die Übereinstimmung der Singulärvektoren und -werte der gekoppelten IIE mit denen der entkoppelten. Die weiteren Untersuchungen in diesem Kapitel beschränken sich daher auf die Betrachtung des entkoppelten Teilsystems, also dem allseitig schallhart berandeten Fluidvolumen.
2. **Orthogonalität der Eigenformen**
   Der Begriff der Orthogonalität der Eigenformen findet hier verkürzend Verwendung für die Orthogonalität der Eigenformen bezüglich der Massenmatrix des Fluids. Das Auslassen dieser Ergänzung impliziert dabei eine gleichmäßige Massenverteilung über das Fluidvolumen.
   Weiterhin ist aus der Strukturdynamik bekannt, dass konzentrierte Dämpfungselemente zu Eigenformen mit komplexwertigen Amplitudenverteilungen führen können. Diese Eigenformen sind dann auch bezüglich der Massenverteilung nicht mehr orthogonal [Unr15, S. 200 ff.]. Die Untersuchungen dieses Kapitels setzen daher eine ausreichend schwache, gleichmäßige Dämpfung des Fluids voraus, die zur Ausbildung reellwertiger Eigenformen führt. Diese Annahme impliziert insbesondere die Abwesenheit akustisch wirksamer Dämpfungselemente an den Fluidrändern wie bspw. offenporige Schäume.

Im Gegensatz zu den Aspekten Teilsystemkopplung und Dämpfung trifft Forschungshypothese 3 keine Einschränkung im Hinblick auf zulässige Berandungsgeometrien. In einem ersten Schritt zur Annäherung an eine allgemeine Bestätigung oder Widerlegung der Hypothese verfolgt die vorliegende Arbeit den Ansatz, zunächst aus der Untersuchung sinnvoll gewählter, konkreter Beispiele Rückschlüsse auf eine mögliche allgemeine, uneingeschränkte Formulierung oder zumindest ein allgemein anwendbares Vorgehen zu ziehen. Anhand der Vorarbeiten in [Hes16; Hes18] erscheinen hierzu drei Ansätze sinnvoll:

1. **Experimentell**
   Der erste Ansatz besteht in der experimentellen Identifikation weiterer Kavitäten mit schwingender Struktur, analog zu [Hes16, Kap. 7] und Kap. 3, unter Annäherung an Geometrien mit höherer technischer Relevanz. Während die Aussagekraft eines Belegs von Forschungshypothese 3 anhand experimenteller Ergebnisse von großem Wert wäre, erscheint eine Widerlegung aufgrund der diversen potenziellen Fehlerquellen wie einem Abweichen der Randbedingungen von der schallharten Annahme, einer unzureichend feinen Diskretisierung aufgrund zu geringer Sensordichte oder eine zu gravierende Störung des Schallfeldes aufgrund zu hoher Sensordichte herausfordernd.
2. **Numerisch**
   Die analytische Bestimmung der Schalleinstrahlungsformen folgt bei Hesse der Herleitung einer Greenschen Funktion basierend auf den akustischen Eigenformen [Hes16, S. 27 ff.]. Die ebd. gewählten Geometrien ermöglichen dann die analytische Formulierung der akustischen Eigenformen und somit der Schalleinstrahlungsformen. Der zweite Ansatz besteht darin, die akustischen Eigenfor-

men für komplexere Geometrien höherer technischer Relevanz mit numerischen Verfahren zu bestimmen und aus diesen dann die zugehörigen Schalleinstrahlungsformen abzuleiten. Auch dieses Vorgehen schließt die Gefahr von Fehlern aufgrund unzureichender Diskretisierung nicht aus, dieser lässt sich aber durch Konvergenzstudien begegnen.

3. **Analytisch**
Der dritte Ansatz besteht, ebenfalls analog zum Vorgehen bei [Hes16, S. 27 ff.], in der Bereitstellung analytischer Formulierungen der Schalleinstrahlung für weitere Geometrien über die bisher untersuchten hinaus. Dieser Ansatz umgeht im Vergleich zu den beiden zuvor aufgeführten die mit einer Diskretisierung einhergehenden Fehlerquellen. Der Ansatz ist allerdings auch der mit den geringsten Freiheitsgraden bei der Wahl der zu betrachtenden Kavitäten, da nur für die wenigsten Geometrien analytische Lösungen der Helmholtz-Gleichung existieren.

Aufgrund der oben aufgeführten Vor- und Nachteile wird der Ansatz der numerischen Bestimmung der akustischen Eigenformen als Kompromiss zwischen technischer Relevanz der betrachteten Kavitäten und Fehlerquellen jenseits der eigentlichen Fragestellung gewählt. Die folgende Arbeitshypothese fasst somit den Untersuchungsansatz dieses Kapitels zusammen:

Arbeitshypothese 3.1 Variation der Geometrie
Eine geometrische Variation anhand numerischer Modelle für Kavitäten, bei denen die Existenz frequenzunabhängiger, orthogonaler Schalleinstrahlungsformen bereits nachgewiesen ist, ermöglicht Rückschlüsse auf ein geeignetes Vorgehen zur Bestimmung solcher Formen für beliebige Geometrien.

Auf Basis dieser Hypothese untersucht das folgende Unterkapitel die Voraussetzungen der Orthogonalität von Schalleinstrahlungsformen für Geometriedefinitionen in kartesischen Koordinaten.

5.3 Orthogonale Schalleinstrahlungsformen für irreguläre Geometriedefinitionen

Zielgröße einer Modellierung des strukturellen Schalleinstrahlungsverhaltens ist die frequenzabhängige akustische potentielle Energie (APE) $E_{F,POT}(\omega)$ des eingeschlossenen Fluid- bzw. Luftvolumens. Anhand einer an den Punkten $\underline{r}_S$ der Interaktionsfläche O_S aufgeprägten Strukturschnelle in Normalenrichtung $v_N\left(\underline{r}_S, \omega\right)$ ergibt sich diese als Ausdruck der auf ihren Maximalwert normierten akustischen Eigenformen ϕ_j zu [Hes16, S. 28]

$$E_{F,POT}(\omega) = \sum_{j=1}^{\infty} s_j(\omega) \left| \int_{O_S} \phi_j\left(\underline{r}_S\right) v_N\left(\underline{r}_S, \omega\right) dO \right|^2 \tag{5.1}$$

mit den frequenzabhängigen Effizienzen $s_j(\omega)$. Die Auswertung der akustischen Eigenformen lediglich in $\underline{r}_S$ entspricht dabei einer Reduktion dieser Eigenformen auf die Interaktionsfläche.

Für Quader- und Zylindermodell ergeben sich diese Schalleinstrahlungsformen unter Annahme einer schwachen Kopplung aus den reduzierten Eigenformen sowie einem anschließenden Zusammenfassen diesbezüglich paralleler Eigenformen in Schalleinstrahlungsformen [Hes16, S. 30]. Orthogonalität und Parallelität sind hierbei gleichbedeutend mit linearer Unabhängigkeit bzw. Abhängigkeit der betrachteten Vektoren bzw. Funktionen.

Zur Quantifizierung einer solchen Abhängigkeit bei diskreten Messpunkten findet in der Strukturdynamik, bspw. zur Korrelation experimentell und numerisch bestimmter Eigenvektoren, häufig der wie folgt formulierte Korrelationskoeffizient Anwendung:

$$KOR\left(\underline{\psi_i}, \underline{\psi_j}\right) = \frac{\left|\underline{\psi_i}^T \underline{\psi_j}^*\right|^2}{\underline{\psi_i}^T \underline{\psi_i}^* \underline{\psi_j}^T \underline{\psi_j}^*} \tag{5.2}$$

mit den zu vergleichenden Eigenvektoren $\underline{\psi_i}$ und $\underline{\psi_j}$ sowie dem Transpositionsoperator $\{\cdot\}^T$ und dem Operator der komplexen Konjugation $\{\cdot\}^*$, bzw. zu

$$KOR\left(\underline{\psi_i}, \underline{\psi_j}\right) = \frac{\left|\sum_{q=1}^{N} \psi_{i,q} \psi_{j,q}^*\right|^2}{\sum_{q=1}^{N} \psi_{i,q} \psi_{i,q}^* \sum_{q=1}^{N} \psi_{j,q} \psi_{j,q}^*} \tag{5.3}$$

nach Auswertung an den N Stützstellen von $\underline{\psi_i}$ und $\underline{\psi_j}$.

Das Kriterium liefert Werte zwischen 0 bei Orthogonalität und 1 bei linearer Abhängigkeit oder Parallelität der verglichenen Vektoren, ausführliche Diskussionen der Eigenschaften sind bei Biedermann [Bie16, S. 20 f., S. 57 ff.] und Allemang [All03] zu finden. Die in Gl. 5.2 und 5.3 verwendeten Formulierungen sind der Darstellung bei Allemang entnommen, der dort verwendete Name „MAC" (Modal Assurance Criterion) bezieht sich allerdings spezifisch auf das Anwendungsgebiet der Modalanalyse, sodass zur Vermeidung von Missverständnissen die vorliegende Arbeit die „KOR"-Bezeichnung aus Biedermann [Bie16, S. 20] übernimmt. Wie bereits in Abschn. 5.2 ausgeführt gilt die Orthogonalität von Eigenformen im Kontext dieser Arbeit bzgl. der Massenmatrix. Aufgrund der angenommenen gleichmäßigen Massenverteilung in einem eingeschlossenen Fluid setzt die Bestimmung des KOR-Werts nach Gl. 5.3 daher eine gleichmäßige Verteilung der Stützstellen voraus.

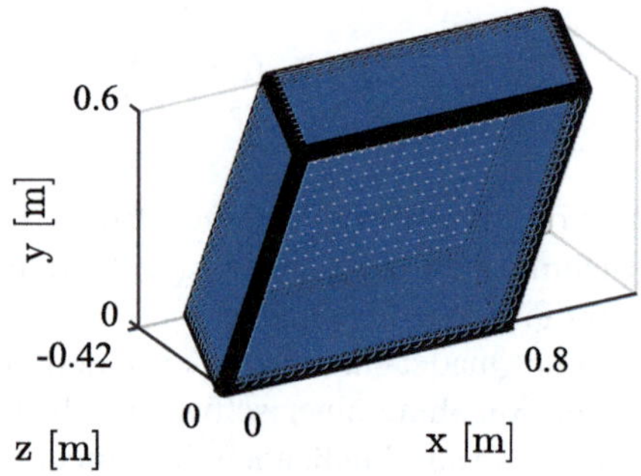

Abb. 5.1 Randknoten des aus Quadermodell durch allgemeine Scherung um y- und z-Achse generierten Rhomboeders, Kantenknoten schwarz markiert

Beim Vergleich mit der Berechnungsvorschrift für die APE lässt sich der Zähler in Gl. 5.3 nach Bezug auf die Interaktionsfläche als Diskretisierung des quadrierten Flächenintegrals, also des geometrischen Teils von Gl. 5.1 auffassen. Die KOR-Werte eines Satzes an auf die Interaktionsfläche reduzierten Eigenformen sind daher ein geeignetes Kriterium zur Beurteilung der Eignung dieses Satzes als Schalleinstrahlungsformen. Ein KOR-Wert größer 0 bei angenommener Orthogonalität repräsentiert dabei eine unzulässig vernachlässigte Anregung, ein KOR-Wert kleiner 1 bei angenommener Parallelität eine unzulässig hoch angenommene Anregung. Den resultierenden Fehler bzgl. der APE liefert dann eine Gewichtung mit der frequenzabhängigen Einstrahlungseffizienz.

Die Orthogonalität der Schalleinstrahlungsformen in analytischer Formulierung weisen Hesse u. a. in mehreren Publikationen [Hes16; HVS17; Hes+17; Hes18] für quader- und zylinderförmige Geometrien bei Anregung durch eine Seiten- bzw. die Mantelfläche nach. Zur Erweiterung auf allgemeinere Kavitätsgeometrien betrachtet dieser Abschnitt Variationen des in kartesischen Koordinaten formulierten Quadermodells gemäß Abb. 5.1.

Dargestellt ist das Quadermodell mit den Abmessungen aus [Hes16, S. 33] nach Überführung in ein Rhomboeder durch Scherung um z- und y-Achse. Identisch zum Quadermodell nach der Scherung sind die Höhe in y-, die Tiefe in z- sowie die Kantenlänge in x-Richtung. Die durch Variation der Scherungswinkel entstehende Gruppe dieser Geometrien bietet zum einen die Möglichkeit einer kontinuierlich einstellbaren Abweichung von der bereits untersuchten Quadergeometrie, zum anderen stellen sie aufgrund der Anwinkelung von Begrenzungsflächen eine im Sinne der Hesseschen Definition irreguläre Geometrie (vgl. Definition in Abschn. 2.2.3) dar und somit eine grundsätzliche Erweiterung der vor dem Hintergrund von Forschungsfrage 3 untersuchten Kavitätsklassen. Für dieses und die weiteren Modelle dieses Kapitels erfolgt die Diskretisierung durch tetraedrische Elemente mit quadratischen Ansatzfunktionen[1], die Elementgröße ist dabei so gewählt, dass eine Auflösung von 10 Elementen/Wellenlänge nicht unterschritten wird.

[1] Fluid220, 10 Knoten je Element, ANSYS 2024 R1.

5.3.1 Scherung der Interaktionsfläche des Quadermodells

Das erste betrachtete Rhomboeder ist das in Abb. 5.2 dargestellte Interaktionsmodell.

Das Modell entsteht aus einer Scherung des Quadermodells von 20° um die z-Achse, die rot markierte Interaktionsfläche befindet sich also vollständig in der x-y-Ebene des Koordinatensystems, die Kanten der Begrenzungsflächen verlaufen entweder parallel oder senkrecht zu dieser Ebene.

Ein Vergleich der ersten fünfundzwanzig auf die Interaktionsfläche in Abb. 5.2 reduzierten Eigenformen untereinander anhand des KOR-Kriteriums ist in Abb. 5.3 dargestellt. Als Eigenvektoren finden die Knotenlösungen der einzelnen Eigenformen Verwendung, die farbliche Kodierung ist entsprechend den Überlegungen anhand der Gl. 5.1 und 5.3 nach der Größenordnung des entstehenden Fehlers bei Abweichungen von Orthogonalität oder Parallelität gewählt.

Das Kriterium weist abseits der Hauptdiagonalen lediglich Werte ≥0,99 (schwarz) oder ≤0,01 (weiß) auf. Dies entspricht den Beobachtungen für die Auswertung der analytischen Eigenformen des Quadermodells an der Interaktionsfläche [Hes16, S. 32] und deutet auf die Existenz orthogonaler Schalleinstrahlungsformen auch für

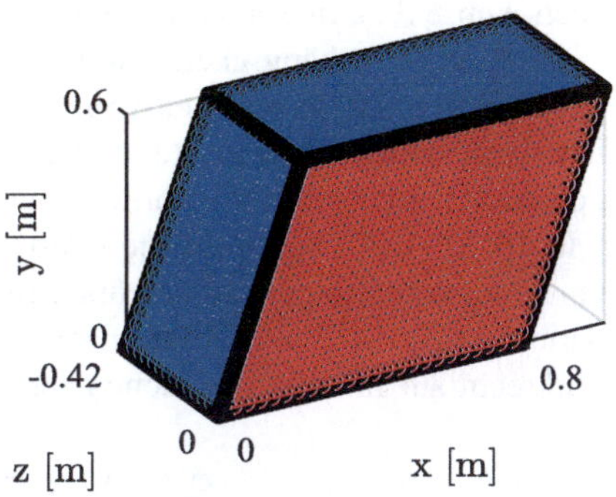

Abb. 5.2 Randknoten des aus Quadermodell durch 20° Scherung um z-Achse generierten Rhomboeders, Knoten der Interaktionsfläche rot, Kantenknoten schwarz markiert

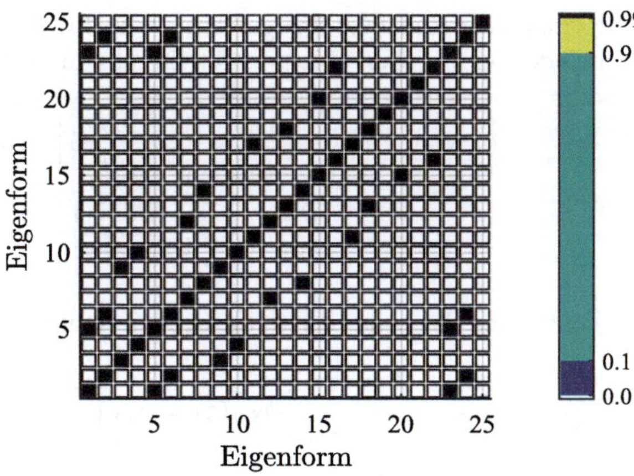

Abb. 5.3 KOR-Werte der auf die Interaktionsfläche in Abb. 5.2 reduzierten akustischen Eigenformen

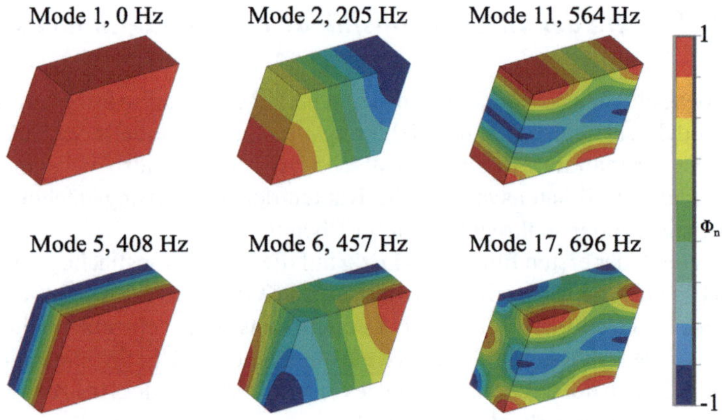

Abb. 5.4 Anhand Abb. 5.3 ausgewählte, auf den Maximalwert normierte akustische Eigenformen der Kavitätsgeometrie aus Abb. 5.2

die hier betrachtete, irreguläre Geometrie. Zur detaillierteren Betrachtung sind in Abb. 5.4 die 1., 2. und 11. akustische Eigenform sowie die an der Interaktionsfläche nach Abb. 5.3 zu diesen parallelen Eigenformen 5, 6 und 17 dargestellt.

Die lineare Abhängigkeit bzw. Parallelität der auf die Interaktionsflächen reduzierten Eigenformen der anhand Abb. 5.3 identifizierten Paarungen ist deutlich sichtbar. Die dargestellten Druckverteilungen an der Interaktionsfläche sind daher als orthogonale Schalleinstrahlungsformen analog zu den für Quader und Zylinder bei Hesse [Hes16, S. 34, 37] beschriebenen Verteilungen anzusehen. Die in Abb. 5.4 dargestellten Druckverteilungen auf den übrigen Begrenzungsflächen legen weiterhin eine Separierbarkeit der Eigenformen nach den Raumrichtungen in und der Raumrichtung senkrecht zur Interaktionsfläche nahe:

$$\phi_j(x, y, z) = \phi_{XY,j}(x, y)\phi_{Z,j}(z) \tag{5.4}$$

Die schallharte Randbedingungen einer verschwindenden Schallschnelle bzw. verschwindender örtlicher Ableitung des Drucks am Rand in z-Richtung

$$\begin{aligned} \left.\frac{\partial \phi_j}{\partial z}\right|_{z=0} &= \left.\frac{d\phi_{Z,j}}{dz}\right|_{z=0} = 0 \\ \left.\frac{\partial \phi_j}{\partial z}\right|_{z=L_Z} &= \left.\frac{d\phi_{Z,j}}{dz}\right|_{z=L_Z} = 0 \end{aligned} \tag{5.5}$$

liefert dann als Lösung der verbleibenden eindimensionalen Helmholtz-Gleichung

$$\phi_{Z,j}(z) = cos\left(\frac{n\pi z}{L_Z}\right) \tag{5.6}$$

mit dem Index $n \in \mathbb{N}_0$ und der Kavitätstiefe L_Z. Für gleiche n und somit gleiche $\phi_{Z,j}(z)$ zweier Eigenformen ϕ_i und ϕ_j, $i \neq j$, beispielsweise für die Moden ϕ_1, ϕ_2 und ϕ_{11} bzw. ϕ_5, ϕ_6 und ϕ_{17} in Abb. 5.4, muss dann aufgrund der Orthogonalität der Eigenformen in einem Fluid mit gleichmäßiger Massenverteilung auch die Orthogonalität von $\phi_{XY,i}$ und $\phi_{XY,j}$ gelten. Dies ist unter der in Gl. 5.4 getroffenen Annahme gleichbedeutend mit der Orthogonalität der auf die Interaktionsfläche reduzierten Eigenformen und somit der Schalleinstrahlungsformen.

Aufgrund des fehlenden geschlossenen Ausdrucks für $\phi_{XY,j}$ ist ein Beweis der Vermutung in Gl. 5.4 für die gewählte Kavitätsgeometrie nicht Gegenstand dieser Arbeit. Die Separierbarkeit der Eigenformen in die einzelnen Koordinatenrichtungen führt für Quader und Zylinder allerdings zu Eigenfrequenzen für Eigenformen mit Knotenebenen in mehr als einer Raumrichtung, die sich aus der Wurzel von Quadratsummen der Eigenfrequenzen zugrunde liegender Eigenformen mit Knotenebenen in nur einer Raumrichtung berechnen lassen, vgl. [Hes16, S. 29, 32]. Analog ergibt ein Vergleich der Eigenfrequenzen in Abb. 5.4:

$$\sqrt{f_2^2 + f_5^2} = \sqrt{(205\,\text{Hz})^2 + (408\,\text{Hz})^2} = 457\,\text{Hz} = f_6$$

$$\sqrt{f_{11}^2 + f_5^2} = \sqrt{(564\,\text{Hz})^2 + (408\,\text{Hz})^2} = 696\,\text{Hz} = f_{17}$$

Diese Berechnung gelingt auch für die übrigen Eigenfrequenzen der für Abb. 5.3 berücksichtigten Eigenformen. Die Orthogonalität der Schalleinstrahlungsformen ist somit, unter den getroffenen Annahmen, auch für eine irreguläre Kavitätsgeometrie belegt. Die Integrationsgrenzen des eingeschlossenen Volumens sind allerdings für das gewählte Beispiel zwar nicht konstant in allen drei betrachteten Raumrichtungen, jedoch in Richtung der zur Interaktionsfläche normalen Koordinate. Anders ausgedrückt sind alle Schnitte parallel zur Interaktionsfläche durch das Volumen identisch. Die Verletzung dieser Bedingung untersucht der folgende Abschnitt.

5.3.2 Scherung der Bodenfläche des Quadermodells

Anstelle der zuvor betrachteten Scherung der Interaktionsfläche um die z-Achse erfolgt für die Untersuchungen dieses Abschnitts eine Scherung um die Y-Achse, dargestellt in Abb. 5.5.

Die wiederum rot markierte Interaktionsfläche befindet sich auch hier vollständig in der x-y-Ebene. Im Gegensatz zur zuvor untersuchten Geometrie aus Abb. 5.2 existieren hier jedoch Kanten, die zur Interaktionsfläche weder parallel noch orthogonal sind. Die Integrationsgrenzen des eingeschlossenen Volumens sind somit bezüglich der Raumrichtung senkrecht zur Interaktionsfläche nicht mehr konstant.

Ein Vergleich der ersten fünfundzwanzig auf die Interaktionsfläche in Abb. 5.5 reduzierten Eigenformen untereinander anhand des KOR-Kriteriums ist in Abb. 5.6 dargestellt.

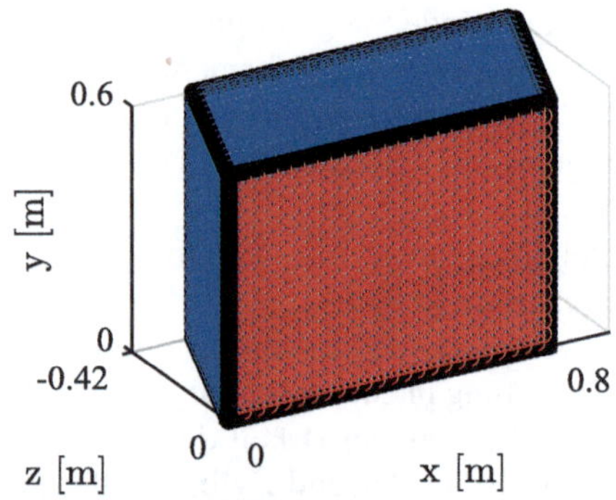

Abb. 5.5 Randknoten des aus Quadermodell durch 20°-Scherung um y-Achse generierten Rhomboeders, Knoten der Interaktionsfläche rot, Kantenknoten schwarz markiert

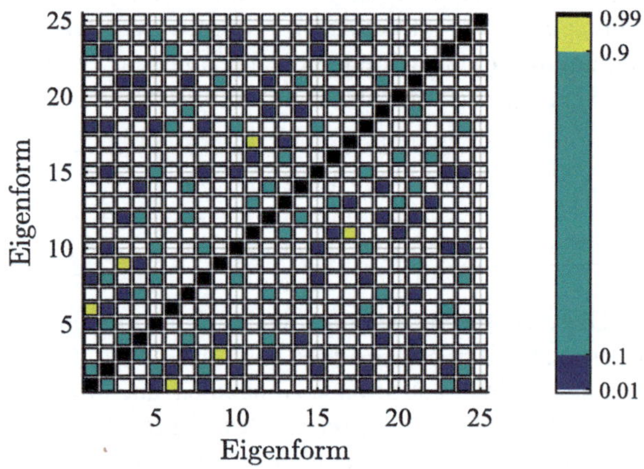

Abb. 5.6 KOR-Werte der auf die Interaktionsfläche in Abb. 5.5 reduzierten akustischen Eigenformen

Die Auswertung des KOR-Kriteriums weist Abweichungen von der am vorigen Beispiel beobachteten jeweils vollständigen Parallelität oder Orthogonalität der reduzierten Eigenformen für den gesamten betrachteten Satz auf mit Ausnahme der höchsten Eigenform. Zur detaillierteren Betrachtung stellt Abb. 5.7 die 1., 2., 5. und 6. Eigenform dar, die in den ersten beiden Spalten bzw. Zeilen der KOR-Auswertung jeweils Kopplungscluster bilden, sowie die Eigenformen 11 und 25, die an der Interaktionsfläche einen KOR-Wert $\leq$0,01 und somit Orthogonalität zu allen Eigenformen kleinerer Ordnungszahl aufweisen.

Ein Vergleich der Eigenformen 1 und 2 bestätigt optisch den numerischen Befund, dass an der Interaktionsfläche weder Parallelität noch Orthogonalität vorliegt, da die Druckverteilung für Mode 2 weder konstant ist, noch sich über die Fläche zu 0 aufintegriert. Die gleiche Beobachtung gilt bspw. für den Vergleich der Moden 1 und 6. Die Orthogonalität der reduzierten Moden 11 und 25 zu den Moden 1, 2, 5 und 6 ergibt sich aus der konstanten Druckverteilung Letztgenannter in y-Richtung im Vergleich zur Ausbildung stehender Wellen in dieser Richtung für die Erstgenannten. Die Orthogonalität der reduzierten Moden 11 und 25 zueinander resultiert aus dem offensichtlich eindimensionalen Wellenfeld beider Moden, die Orthogonalität der

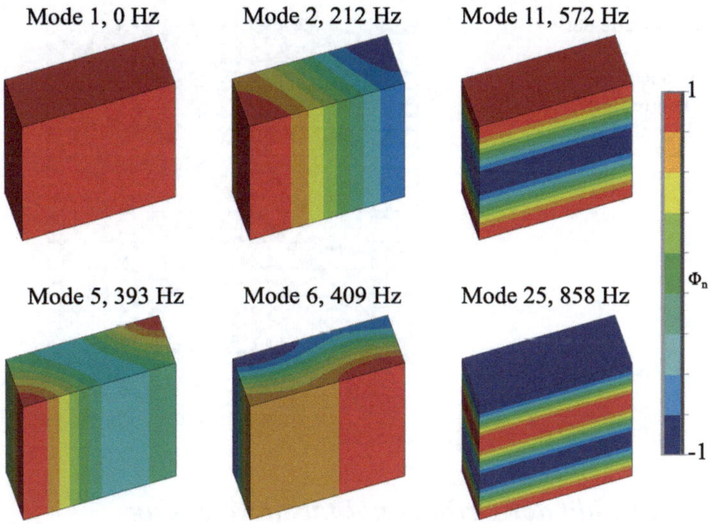

Abb. 5.7 Anhand Abb. 5.6 ausgewählte, auf den Maximalwert normierte akustische Eigenformen der Kavitätsgeometrie aus Abb. 5.5

Eigenformen bzgl. der Massenmatrix erfordert daher orthogonale Verteilungen entlang der y-Achse. Ein Vergleich dieser Beobachtungen mit den anhand Abb. 5.4 aufgezeigten Zusammenhängen legt eine Separierbarkeit der Eigenformen in y-Richtung und der x,z-Ebene nahe. Diese Vermutung erscheint plausibel, da die Geometrien durch Streckung entlang y- und z-Achse und 90°-Drehung um die x-Achse ineinander überführbar sind. Die akustischen Eigenformen lassen sich dann analog Gl. 5.4 separieren zu

$$\phi_j(x, y, z) = \phi_{XZ,j}(x, z)\phi_{Y,j}(y). \tag{5.7}$$

Hieraus ergibt sich wiederum eine Orthogonalität der Eigenformen bezüglich der Boden- bzw. Dachfläche in der bzw. parallel zur x-z-Ebene, nicht aber bzgl. der Interaktionsfläche. Ein Vergleich der auf die obere Randfläche in Abb. 5.5 reduzierten akustischen Eigenformen anhand des KOR-Kriteriums ist in Abb. 5.8 dargestellt.

Die resultierenden Werte nehmen, analog zu Abb. 5.3, lediglich Werte $\geq$0,99 oder $\leq$0,01 an, was die in Gl. 5.7 formulierte Vermutung belegt.

Die Verletzung der Forderung nach Konstanz der Integrationsgrenzen senkrecht zur Interaktionsfläche führt für das gewählte Beispiel somit zu einer Anregung der Fluidmoden nach Gl. 5.1, für welche die Reduktion der akustischen Eigenformen auf die Interaktionsfläche keine orthogonalen Schalleinstrahlungsformen mehr liefert.

Die Betrachtungen am Rhomboedermodell abschließend klärt der folgende Abschnitt die Frage, ob ein Abweichen von dieser Art Konstanz der Integrationsgrenzen zu einer kontinuierlichen oder einer abrupten Verletzung der Orthogonalitätsforderung führt.

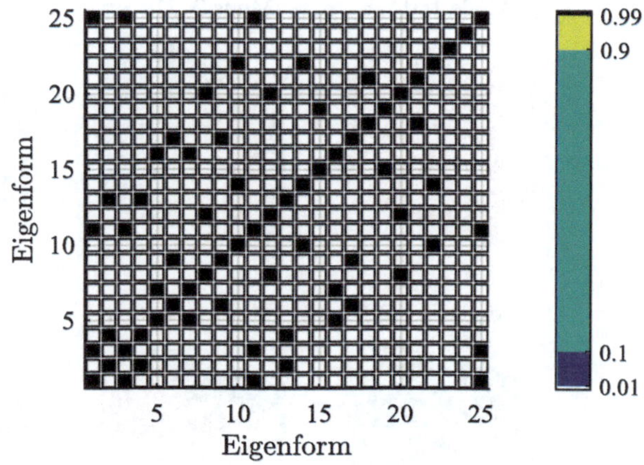

Abb. 5.8 KOR-Werte der auf die obere, zur x-z-Ebene parallele Randfläche in Abb. 5.5 reduzierten akustischen Eigenformen

5.3.3 Kontinuität der Orthogonalitätsabweichung

Diese Fragestellung erfordert zunächst ein quantitatives Maß zur Bewertung eines gegebenen Satzes auf die Interaktionsfläche reduzierter Eigenformen. Aufgrund des eingangs dieses Abschnitts dargelegten Zusammenhangs zwischen KOR-Wert und Modellierungsfehler bzgl. der APE definiert Gl. 5.8 zu diesem Zweck den Orthogonalitätsindex $I_{O,n}$ der ersten n Eigenformen zu

$$I_{O,n} = \frac{2}{n\,(n-1)} \left(\sum_{i=2}^{n} \sum_{j=1}^{i-1} \Delta_{KOR,i,j} \right), \tag{5.8}$$

wobei $n \geq 2$ und

$$\Delta_{KOR,i,j} = 0{,}5 - \left| KOR\left(\underline{\phi_{R,i}}\,,\ \underline{\phi_{R,j}}\right) - 0{,}5 \right| \tag{5.9}$$

mit dem Betragsoperator $|\cdot|$ und dem KOR-Wert der reduzierten akustischen Eigenvektoren $\underline{\phi_{R,i}}$ und $\underline{\phi_{R,j}}$ nach Gl. 5.3. Die Funktion $\Delta_{KOR,i,j}$ nimmt aufgrund der Beschränkung möglicher KOR-Werte auf das Intervall [0,1] minimal den Wert 0 bei Orthogonalität oder Parallelität der verglichenen Vektoren und maximal den Wert 0,5 an.

$I_{O,n}$ berechnet dann den Mittelwert der Abweichungen von Orthogonalität oder Parallelität der reduzierten Eigenformen untereinander, berücksichtigt also die Einträge unterhalb der Hauptdiagonalen in Abb. 5.3, 5.6 und 5.8.

Anstelle einer höchsten berücksichtigten Modennummer zur Bezeichnung des betrachteten Bereichs ist alternativ die Angabe einer Frequenzgrenze denkbar, die für eine Anwendung des Index, bspw. zur Beurteilung einer Modellqualität, zunächst intuitiver erscheint. Da die Auswahl der für einen den Frequenzbereich letztendlich relevanten Eigenformen neben ihren Eigenfrequenzen aber auch von der modalen

Dämpfung sowie der geometrischen Kopplung mit den dominanten Schwingformen der Struktur abhängen, ist die Angabe einer Frequenzgrenze nur unter Hinzunahme dieser zusätzlichen Parameter sinnvoll. Für die Überlegungen dieses Abschnitts sind jedoch aufgrund der in Forschungshypothese 3 getroffenen Einschränkungen Einflüsse von Dämpfungen und Struktureigenschaften von geringem Interesse, sodass die Bezeichnung des Orthogonalitätsindex anhand von Modennummern hier sinnvoller ist.

Für Anwendungen mit dem Ziel einer Komfortverbesserung kann weiterhin ein Ausschluss tieffrequenter Moden geringer Ordnungszahl aus der Bewertungsgrundlage sinnvoll sein. Diese Verfeinerung bietet für die im Folgenden dargestellten Überlegungen jedoch keinen Mehrwert und somit auch die Verwendung einer erweiterten Definition nicht[2].

Der anhand Gl. 5.3 herausgestellte Zusammenhang zwischen KOR-Wert und übermäßiger oder vernachlässigter Anregung von weiteren Eigenformen führt auch hier nicht zu einer direkten Korrelation von Orthogonalitätsindex und bspw. verbleibendem Pegel in dB aufgrund des Modellierungsfehlers unabhängig von der betrachteten Geometrie. Hier sind neben der geometrischen Kopplung wieder die frequenzabhängigen Effizienzen der Einstrahlung zu berücksichtigen, die einen Modellierungsfehler der geometrischen Kopplung so gewichten, dass auch die Distanz der Eigenfrequenzen sowie die Dämpfungen der beteiligten Moden mit einfließen.

Ungeachtet dieser Einschränkung der globalen Aussagekraft des Orthogonalitätsindex betrachtet die folgende Untersuchung den Wert jedoch als geeignet, eine qualitative Aussage beim Vergleich ähnlicher Geometrien zu treffen. Hierzu erfolgt eine Variation des Scherungswinkels um die y-Achse analog zu Abb. 5.5 zwischen 0° und 20°, wobei sich für 0° das ungescherte Quadermodell ergibt. Zusätzlich wird auch eine y-Scherung des bereits um die z-Achse gescherten Modells aus Abschn. 5.3.1 betrachtet. Abb. 5.9 stellt die Entwicklung des $I_{O,25}$-Werts über dem Scherungswinkel um die y-Achse für beide Ausgangskonfigurationen dar. Die betrachtete Interaktionsfläche ist dabei jeweils die in der x-y-Ebene liegende, vgl. Abb. 5.2 und 5.5.

Für beide betrachteten Ausgangsgeometrien ergibt sich erwartungsgemäß ein $I_{O,25}$-Wert von 0, da die auf die Interaktionsfläche reduzierten Eigenformen entweder parallel oder orthogonal sind, vgl. Abb. 5.3. Über dem Scherungswinkel steigt

[2] Die Erweiterung des Index um eine niedrigste berücksichtigte Modennummer m führt auf

$$I_{O,m,n} = \frac{2}{(1+n-m)\,(n-m)} \left(\sum_{i=m+1}^{n} \sum_{j=m}^{i-1} \Delta_{KOR,i,j} \right),$$

wobei $m < n$. Für $m = 1$ entspricht dies Gl. 5.8.

Abb. 5.9 Orthogonalitätsindizes $I_{O,25}$ für 0°, 2°, 5°, 10° und 20° Scherung um die y-Achse, vgl. Abb. 5.5, für Scherungen um die z-Achse von 0° und 20°, vgl. Abb. 5.2 und 5.1

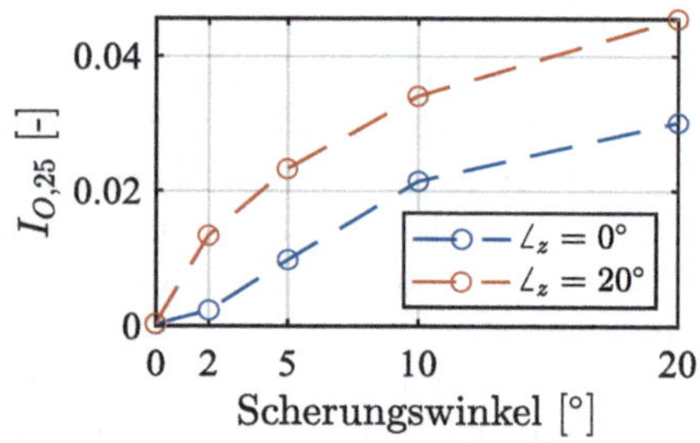

dann der $I_{O,25}$-Wert auf dem betrachteten Bereich für beide Konfigurationen[3], der Anstieg für die vorgescherte Geometrie fällt dabei stärker aus.

Dieser durchgehende Anstieg sowie die geringe Schrittweite des Winkels nahe der Ausgangsgeometrien lässt den Schluss zu, dass für die betrachteten Rhomboeder eine kleine Änderung des Scherungswinkels auch nur zu einer kleinen Änderung des $I_{O,25}$-Indikators führt, angedeutet durch die Verbindung der Evaluationspunkte. Eine kleine Abweichung von einer Geometrie mit orthogonalen Schalleinstrahlungsformen, hier quantifiziert durch den Scherungswinkel, führt somit für die betrachteten Beispiele auch nur zu einem kleinen Modellfehler bei Annahme orthogonaler Schalleinstrahlungsformen[4].

5.3.4 Zwischenfazit zur Orthogonalität der Schalleinstrahlungsformen

Anhand der Ergebnisse der Abschn. 5.3.2 und 5.3.3 ist Forschungshypothese 3 als Bedingung für das Vorliegen orthogonaler Schalleinstrahlungsformen zu verwerfen und wird gemäß der Beobachtung ausgangs Abschn. 5.3.1 ersetzt durch Forschungshypothese 3.1:

---

[3] Für Scherungswinkel nahe 90° ergibt sich aufgrund der dann folgenden großen Ausdehnung in x-Richtung mit Blick auf die gewählte feste Anzahl berücksichtigter Moden ein eindimensionaler Wellenleiter. Die Eigenformen an der Interaktionsfläche sind dann parallel, der $I_{O,25}$-Wert wird 0. Für den Verlauf des Werts über dem Scherungswinkel ergibt sich somit die Existenz eines Maximums. Lage oder Wert dieses Maximums sind für die Ausgangsfrage nach der Kontinuität der Verletzung der Orthogonalitätsforderung der reduzierten Eigenformen aber nicht von Bedeutung.

[4] Eine kleine Änderung des Scherungswinkels kann eine Änderung der Reihenfolge der Moden am Ende des betrachteten Satzes bewirken. Dieses diskrete Ereignis ruft aufgrund des geänderten Satzes an betrachteten Eigenformen dann sehr wohl eine Diskontinuität des $I_{O,25}$-Werts über dem Scherungswinkel hervor. Da für die Ausgangsgeometrien alle reduzierten Eigenformen orthogonal oder parallel zueinander sind, wird dieser Effekt umso kleiner sein, je kleiner der Scherungswinkel ist, bei dem er auftritt. Die Korrektheit der Aussage, dass bei kleiner Abweichung von einer Ausgangskonfiguration mit orthogonalen Schalleinstrahlungsformen auch nur eine kleine Abweichung von dieser Orthogonalität gemäß dem $I_{O,n}$-Wert auftritt, bleibt daher bestehen.

Forschungshypothese 3.1 Orthogonalität der Schalleinstrahlungsformen
Eine Konstanz der Integrationsgrenzen eines eingeschlossenen Fluids in der Raumrichtung senkrecht zur Interaktionsfläche führt bei schwacher Kopplung mit der umgebenden schwingenden Struktur zu orthogonalen und frequenzunabhängigen Schalleinstrahlungsformen.

Unter der Konstanz der Integrationsgrenzen in der Raumrichtung senkrecht zur Interaktionsfläche ist hierbei gemäß Abschn. 2.2.3 zu verstehen, dass für jeden Schnitt parallel zur Interaktionsfläche durch das Kavitätsvolumen die Verläufe der Ränder identisch sind. Für kartesische Koordinaten wird dies bspw. durch ein Parallelprisma verwirklicht, dass durch Extrusion einer ebenen aber ansonsten beliebig geformten Fläche entlang der Flächennormalen entsteht. Eine Geometrie, die diese Forderung erfüllt, wird im Folgenden als **erweitert regulär** bezeichnet, da es sich um eine Abschwächung der Definition für reguläre Geometrien in Abschn. 2.2.3 handelt, die diese Extrudierbarkeit des betrachteten Volumens aus jeder Berandungsfläche fordert.

Im Gegensatz zur Forschungshypothese 3 wird Arbeitshypothese 3.1 aufgrund der auf ihrer Basis erzielten Erkenntnisse in den folgenden Abschnitten beibehalten. Dies gilt sowohl für das grundsätzliche Vorgehen der möglichst geringfügigen Variation bekannter Geometrien in numerischen Modellen als auch für die Verwendung der Werkzeuge des KOR-Kriteriums und des $I_{O,n}$-Wertes.

5.4 Hinreichende Bedingungen für die Existenz orthogonaler Schalleinstrahlungsformen

Die in Abschn. 5.3 betrachteten Rhomboeder-Geometrien sind durch ebene Interaktions- und Berandungsflächen sowie Symmetrien bzgl. des jeweiligen Schwerpunkts geprägt. Gegenstand dieses Unterkapitels ist den in Forschungshypothese 3.1 vermuteten Zusammenhang an Geometrien zu untersuchen, die von diesen Eigenschaften abweichen. Abschn. 5.4.1 widmet sich daher einer asymmetrischen Kavitätsgeometrie, Abschn. 5.4.2 ist mit gekrümmten Berandungsflächen befasst und Abschn. 5.4.3 behandelt abschließend gekrümmte Interaktionsflächen.

5.4.1 Asymmetrische Berandungsflächen

Die im Folgenden betrachtete Kavitätsgeometrie ist in Abb. 5.10 dargestellt.

Ausgehend von der bekannten Quadergeometrie wird eine quadratische Aussparung in Tiefenrichtung hinzugefügt mit einer Kantenlänge von 30 % der längsten Abmessung (hier 0,8 m in x-Richtung). Die Forderung nach Konstanz der

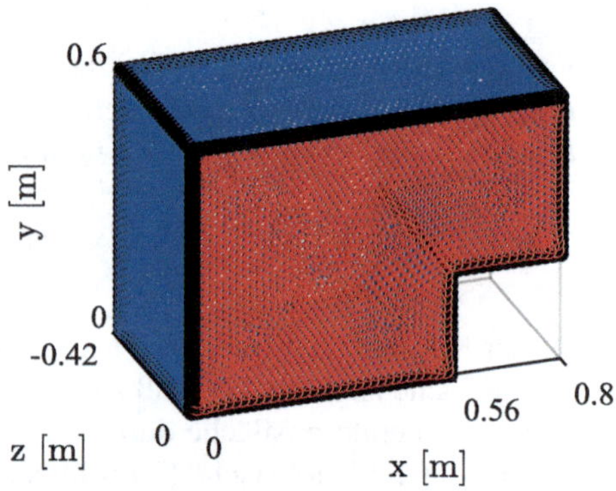

Abb. 5.10 Randknoten des Quadermodells mit Aussparung in Tiefenrichtung, Knoten der Interaktionsfläche rot, Kantenknoten schwarz markiert

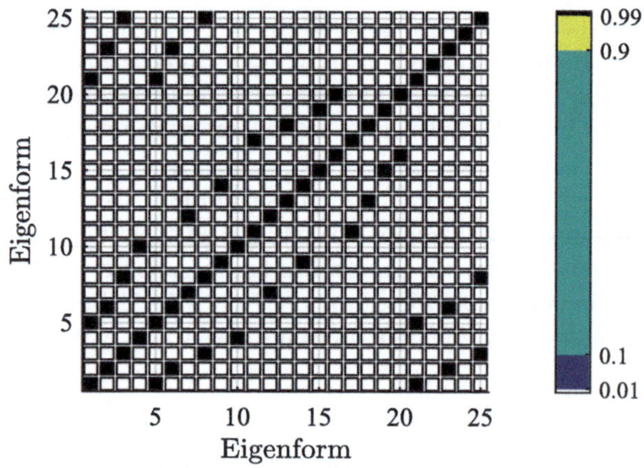

Abb. 5.11 KOR-Werte der auf die Interaktionsfläche in Abb. 5.10 reduzierten akustischen Eigenformen

Integrationsgrenzen in der Richtung senkrecht zur Interaktionsfläche ist somit weiterhin erfüllt, eine Punkt- oder Achsensymmetrie in dieser Richtung jedoch nicht mehr gegeben. Darüber hinaus stellt die so entstehende Geometrie eine erste, wenn auch stark vereinfachende, geometrische Approximation an den Anwendungsfall einer Fahrerkabine bspw. eines LKW dar, mit der Aussparung als Sitzgeometrie und der Interaktionsfläche Seitentür.

Die resultierenden KOR-Werte der auf die Interaktionsfläche reduzierten ersten 25 Eigenformen sind in Abb. 5.11 dargestellt.

Die reduzierten Eigenformen sind offensichtlich entweder orthogonal oder parallel, die aufgrund einer Schwingung der Interaktionsfläche in einer so geformten Kavität entstehende APE lässt sich also unter den getroffenen Annahmen bzgl. Dämpfung und Kopplungsstärke durch orthogonale, frequenzunabhängige Schalleinstrahlungsformen beschreiben. Zur weitergehenden Analyse der Ausbildung dieser Schalleinstrahlungsformen stellt Abb. 5.12 anhand Abb. 5.11 ausgewählte Eigenformen dar.

Gemäß Abb. 5.11 sind die auf die Interaktionsfläche reduzierten Eigenformen 4 und 10 parallel zueinander, die Eigenformen 4, 5 und 7 bzw. 5, 7 und 10 jeweils orthogonal. Die Parallelität der Eigenformen 4 und 10 ist optisch leicht zu erken-

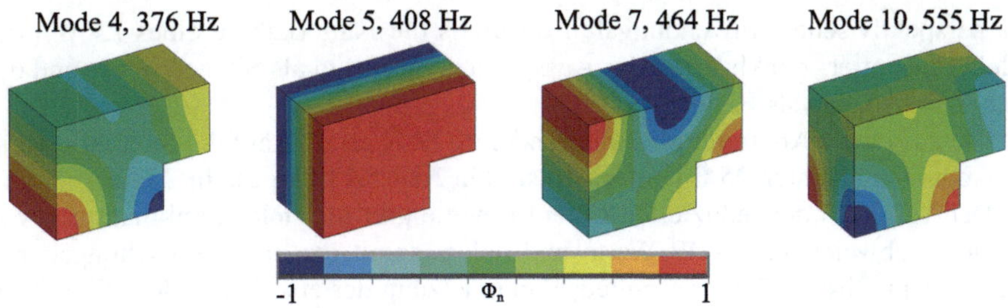

Abb. 5.12 Anhand Abb. 5.11 ausgewählte, auf den Maximalwert normierte akustische Eigenformen der Kavitätsgeometrie aus Abb. 5.10

nen, analog Abb. 5.4 liegt zudem offensichtlich auch hier eine Separierbarkeit der Eigenformen in eine Komponente $\phi_{XY,j}(x, y)$ parallel und ein $\phi_{Z,j}(z)$ senkrecht zur Interaktionsfläche vor. Diese Beobachtung wird gestützt einerseits durch die identischen Eigenfrequenzen der jeweils 5. Mode von z-Achsen-geschertem Rhomboeder (vgl. Abb. 5.4) und Quader mit Aussparung, trotz unterschiedlicher Interaktionsflächen. Zum anderen ergibt sich auch für den Quader mit Aussparung, analog zu den Überlegungen ausgangs Abschn. 5.3.1, die Eigenfrequenz der 10. Mode als Wurzel der Quadratsumme der Eigenfrequenzen 4 und 5. Die Konstanz der Integrationsgrenzen in der Raumrichtung senkrecht zur Interaktionsfläche führt also auch für die gewählte, asymmetrische Geometrie zu einer Separierbarkeit der Eigenformen, die zur Formulierung orthogonaler, frequenzunabhängiger Schalleinstrahlungsformen genutzt werden kann.

Eine Rotation der Kavitätsgeometrie aus Abb. 5.10, die zu einer Verletzung der in Forschungshypothese 3.1 geforderten Konstanz der Integrationsgrenzen führt, zeigt Abb. 5.13.

Die wiederum quadratische Aussparung verläuft für diese Konfiguration parallel zur Interaktionsfläche an der Kavitätsrückseite und weist eine Kantenlänge von 40 % der Tiefe in z-Richtung auf. Analog zu den Überlegungen zu Abb. 5.10 ist hier

Abb. 5.13 Randknoten des Quadermodells mit Aussparung gegenüber der Interaktionsfläche, Knoten der Interaktionsfläche rot, Kantenknoten schwarz markiert

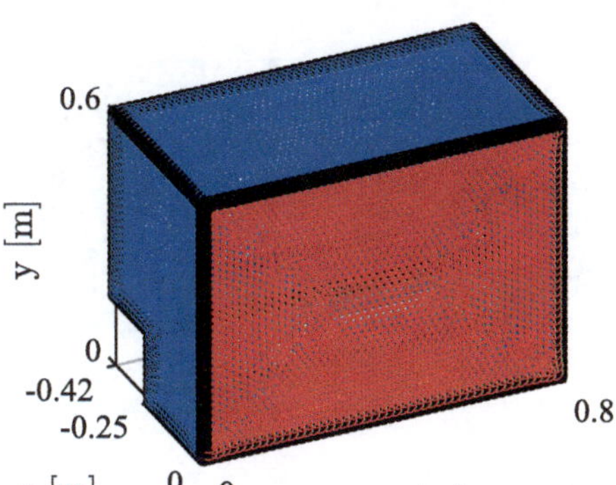

als perspektivischer Anwendungsfall ebenfalls die Fahrerkabine eines LKW oder Kleintransporters denkbar, mit der Aussparung wiederum als Sitzgeometrie und der Interaktionsfläche als Frontpartie.

Die aus dieser Anordnung resultierenden KOR-Werte der auf die Interaktionsfläche reduzierten ersten 25 Eigenformen sind in Abb. 5.11 dargestellt.

Der Vergleich der reduzierten Eigenformen ergibt für viele Kombinationen von 0 oder 1 abweichende KOR-Werte und belegt somit die durch Forschungshypothese 3.1 in Abschn. 5.3.4 vermutete Voraussetzung der erweiterten Regularität für orthogonale Schalleinstrahlungsformen. Zur Erläuterung der Entstehung dieser Werte zeigt Abb. 5.15 die 3., 6., 9. und 14. Eigenformen der untersuchten Kavität. Gemäß Abb. 5.14 ist dabei die 3. Eigenform orthogonal zu den übrigen, die Eigenformen 6, 9 und 14 sind untereinander weder orthogonal noch parallel.

Die dargestellten Eigenformen belegen, analog zu den bisherigen Betrachtungen dieses Kapitels, eine Separierbarkeit der Eigenformen in eine Komponente $\phi_{X,j}(x)$, die hier jedoch nicht senkrecht, sondern parallel zur Interaktionsfläche verläuft, sowie eine Komponente $\phi_{YZ,j}(y, z)$, die hier senkrecht zur Interaktionsfläche liegt. Diese Separierbarkeit ist einerseits optisch durch Kombination der Eigenformen 3 und 6 zur Eigenform 9 nachvollziehbar, zum anderen durch Berechnung der 9. Eigenfrequenz

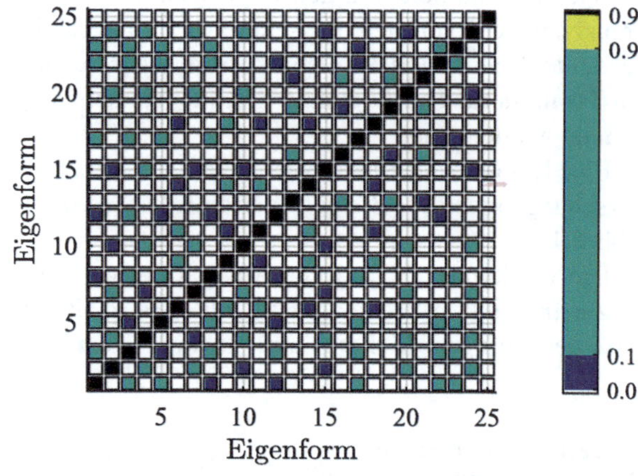

Abb. 5.14 KOR-Werte der auf die Interaktionsfläche in Abb. 5.13 reduzierten akustischen Eigenformen

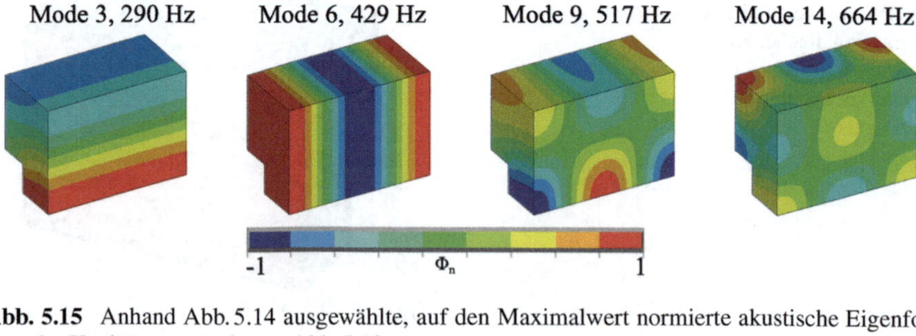

Abb. 5.15 Anhand Abb. 5.14 ausgewählte, auf den Maximalwert normierte akustische Eigenformen der Kavitätsgeometrie aus Abb. 5.13

Abb. 5.16 Orthogonalitätsindizes $I_{O,25}$ nach Gl. 5.8 für Aussparungstiefen zwischen 5 % und 55 % der Kavitätstiefe, vgl. Abb. 5.13

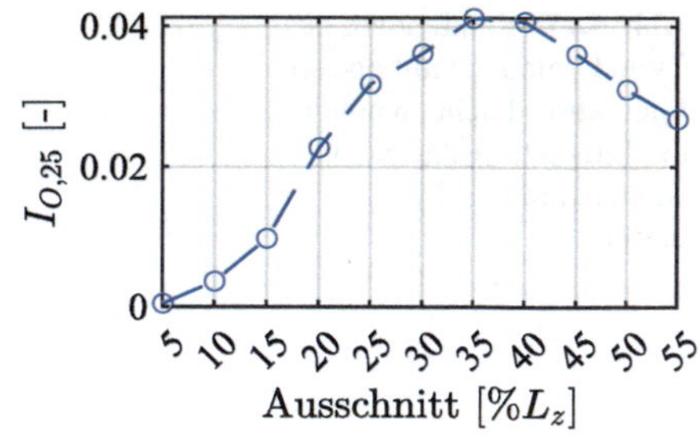

als Wurzel der Quadratsummen der Eigenfrequenzen 3 und 6. Die beschriebene Orthogonalität der reduzierten Eigenformen 6, 9 und 14 zur 3. ergibt sich dann aus unterschiedlichen, zueinander orthogonalen $\phi_{X,j}(x)$. Umgekehrt führt ein identisches $\phi_{X,j}(x)$ der Eigenformen 6, 9 und 14 zu einem Abweichen von der Forderung nach Orthogonalität oder Parallelität, da diese für die $\phi_{YZ,j}(y,z)$ nur in der y-z-Ebene gegeben ist. Die größte Abweichung ergibt sich hierbei mit $KOR_{9,14} = 0{,}49$.

Analog zu Abschn. 5.3.3 folgt abschließend die Betrachtung der Kontinuität dieser Orthogonalitätsabweichung in Abhängigkeit von den Abmaßen der eingefügten Aussparung. Zu diesem Zweck stellt Abb. 5.16 den Verlauf des Orthogonalitätsindex $I_{O,n}$ nach Gl. 5.8 über der Aussparungstiefe bezogen auf die Kavitätstiefe dar.

Der Orthogonalitätsindex ergibt für den betrachteten Quader eine geringe Abweichung bei geringer Abmessung der Aussparung sowie einen darauffolgenden kontinuierliche Anstieg bis zu einem Maximalwert. Analog der Ergebnisse am Rhomboeder anhand Abb. 5.9 lässt dieser Verlauf wiederum den Schluss zu, dass zum einen kleine Änderungen der Aussparungsabmessung auch nur zu kleinen Änderungen des $I_{O,25}$-Wertes führen und somit kleinen Änderungen des Modellfehlers.

Nach den vorangegangenen Untersuchung zu asymmetrischen Kavitätsgeometrien widmet sich der folgende Abschnitt den Auswirkungen von gekrümmten Berandungsflächen auf die Orthogonalität der Schalleinstrahlungsformen.

5.4.2 *Gekrümmte Berandungsflächen*

Die im Folgenden zur Untersuchung gekrümmter Berandungsflächen betrachtete Geometrie stellt Abb. 5.17 dar.

Ausgangsgeometrie ist ein Zylinder der Länge 0,8 m mit einem Durchmesser von 0,6 m. Die Interaktionsfläche entsteht durch einen ebenen Schnitt parallel zur x-y-Ebene, sodass der maximale Abstand zwischen Interaktionsfläche und gegenüberliegendem Rand 80 % des Durchmessers beträgt. In Erweiterung der bisher betrachteten Geometrien ermöglicht dieses Beispiel damit auch die Untersuchung unebener Berandungsflächen. Die KOR-Werte nach Gl. 5.3 der auf die Interaktionsfläche reduzierten akustischen Eigenformen zeigt Abb. 5.18.

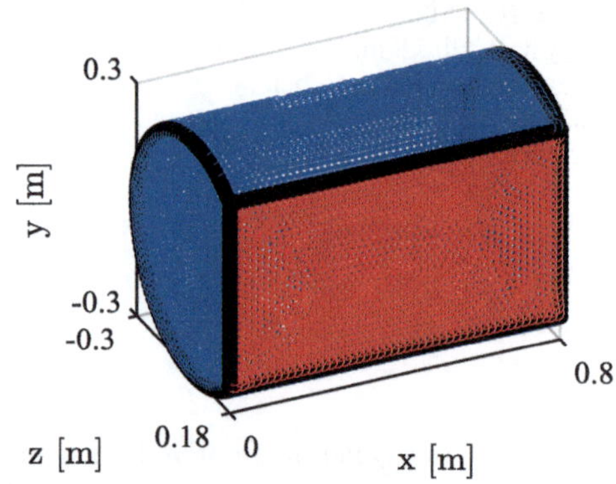

Abb. 5.17 Randknoten des Zylindermodells mit ebener Interaktionsfläche, Knoten der Interaktionsfläche rot, Kantenknoten schwarz markiert

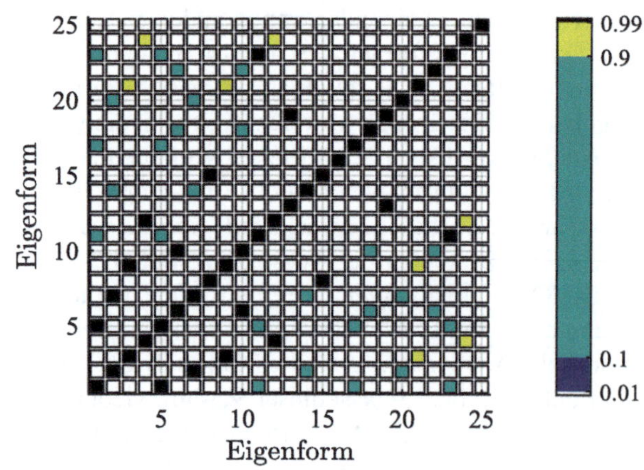

Abb. 5.18 KOR-Werte der auf die Interaktionsfläche in Abb. 5.17 reduzierten akustischen Eigenformen

In Übereinstimmung mit den Anforderungen an eine Geometrie mit orthogonalen Schalleinstrahlungsformen nach Forschungshypothese 3.1 zeigt der Vergleich der einzelnen Eigenformen zahlreiche Abweichungen von Orthogonalität bzw. Parallelität an der Interaktionsfläche. Im Vergleich mit den Abb. 5.6 und 5.14 fällt für diese hier betrachtete Geometrie allerdings die deutlich geringere Anzahl der Abweichungen sowie die Existenz paralleler bzw. nahezu paralleler (KOR $\geq$0,99) Eigenformen auf. Zur näheren Betrachtung stellt Abb. 5.19 die Moden 5, 6, 7 und 22 dar.

Analog zu Abb. 5.15 sind die Eigenformen $\phi_j(x, y, z)$ auch für diese Geometrie offensichtlich durch Separation in $\phi_{X,j}(x)$ und $\phi_{YZ,j}(y, z)$ teilbar, bspw. ersichtlich beim Vergleich der Eigenformen 5 und 7. Eine Auswertung der ersten 25 Eigenformen bzgl. der Stirnfläche links der Interaktionsfläche in Abb. 5.17 ergibt einen Orthogonalitätsindex $I_{O,25} = 0$, was diese Beobachtung bestätigt. Dieser Befund ist zudem ein weiterer Beleg für die in Forschungshypothese 3.1 vermutete Bedingung für das Vorliegen orthogonaler Schalleinstrahlungsformen an einer Interaktionsfläche, da das Volumen die Definition der erweitert regulären Geometrie gemäß Abschn. 5.3.4 aufgrund konstanter Integrationsgrenzen in dieser Richtung erfüllt. Zudem zeigt sich,

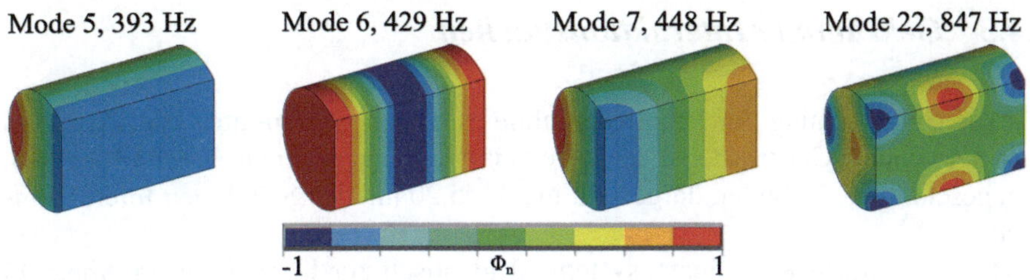

Abb. 5.19 Anhand Abb. 5.18 ausgewählte, auf den Maximalwert normierte akustische Eigenformen der Kavitätsgeometrie aus Abb. 5.17

dass eine Beschränkung auf ebene Berandungsflächen nicht besteht, was mit Blick auf die bisherigen Beispiele mit ausschließlich ebenen Grenzflächen eine weitere Erkenntnis darstellt.

In Bezug auf die in Abb. 5.17 gekennzeichnete Interaktionsfläche ergibt sich die Orthogonalität nach Abb. 5.18 der Eigenformen 5, 7 sowie der Paarung 6 und 22 untereinander in Folge der unterschiedlichen $\phi_{X,j}(x)$. Der Vergleich der Eigenformen 6 und 22 zeigt einerseits identische $\phi_{X,j}(x)$-, andererseits orthogonale $\phi_{YZ,j}(y,z)$-Komponenten. Da die Auswertung an der Interaktionsfläche jedoch nur $\phi_{YZ,j}(y,z)\big|_{z=0,18\,\mathrm{m}}$ berücksichtigt, sind die reduzierten Eigenformen weder orthogonal noch parallel, das Korrelationskriterium ergibt sich zu $KOR_{6,22} = 0{,}59$.

Die hohe Anzahl bzgl. der Interaktionsfläche orthogonaler Eigenformpaare in Abb. 5.18 erklärt sich im Vergleich zu bspw. Abb. 5.14 aus der Symmetrie der Geometrie bzgl. der x-z-Ebene. Für die reduzierten Eigenformen folgt hieraus eine Betragsgleichheit bei gleicher x- und betragsgleicher y-Koordinate, sie sind also entweder symmetrisch oder antisymmetrisch in Abhängigkeit der Anzahl der Knotenlinien. Unterschiedliche Symmetrie-Arten in y-Richtung tritt damit neben unterschiedlicher $\phi_{X,j}(x)$ als weitere, unabhängige, mögliche Ursache der Orthogonalität zweier reduzierter Eigenformen auf. Dies ist aber zu trennen von einer Orthogonalität aufgrund von geeigneter Separierbarkeit der akustischen Eigenformen in den Raumrichtungen der Interaktionsfläche und senkrecht dazu wie für die Geometrien in Abb. 5.2 und 5.10.

Die Ergebnisse anhand systematischer Variationen der Abschn. 5.3 sowie 5.4.1 und 5.4.2 belegen die durch Forschungshypothese 3.1 vermutete Voraussetzung der konstanten Integrationsgrenzen für die Existenz orthogonaler Schalleinstrahlungsformen an ebenen Interaktionsflächen. Forschungshypothese 3.1 bzw. die Definition der erweiterten Regularität trifft allerdings keine Einschränkung auf ebene Interaktionsflächen, zumal die Existenz orthogonaler Schalleinstrahlungsformen auch für die Mantelfläche eines Zylinders bereits durch Hesse [Hes16, S. 31 ff.] nachgewiesen ist. Der folgende Abschnitt behandelt daher eine gekrümmte Interaktionsfläche.

5.4.3 Gekrümmte Interaktionsflächen

Die zur Untersuchung der Schalleinstrahlungsformen gekrümmter Interaktionsflächen verwendete Geometrie ist der, bereits im vorangegangenen Abschnitt betrachtete, geschnittene Zylinder, dargestellt in Abb. 5.20 mit der geänderten Interaktionsfläche.

Das verwendete Koordinatensystem ist identisch zur Darstellung in Abb. 5.17, lediglich die Position des Betrachters ist angepasst. Die Höhe über dem durch den Schnitt in den Zylinder eingezogenen Boden beträgt wie zuvor 80 % des Durchmessers. Der Vergleich der auf die Interaktionsfläche reduzierten akustischen Eigenformen durch Anwendung des KOR-Kriteriums nach Gl. 5.3 auf die Knotenlösungen ist in Abb. 5.21 dargestellt.

Ähnlich wie in Abb. 5.18 sind die reduzierten Eigenformen auch für diese Interaktionsfläche des abgeschnittenen Zylinders nicht vollständig orthogonal oder parallel. Beispielhaft sind in Abb. 5.22 analog zu Abb. 5.19 die Eigenformen 5,6 7 und 22 dargestellt.

Die Orthogonalität der Eigenformen 5, 7 sowie der Paarung 6 und 22 untereinander ist wiederum durch die unterschiedlichen $\phi_{X,j}(x)$ begründet. Die Eigenformen 6 und 22 sind analog weder orthogonal noch parallel ($KOR_{6,22} = 0,3$) aufgrund orthogonaler $\phi_{YZ,j}(y, z)$ aber identischer $\phi_{X,j}(x)$. Die im Vergleich zu Abb. 5.14 erklärt sich wiederum aus der Separierbarkeit der Eigenformen in $\phi_{X,j}(x)$ und $\phi_{YZ,j}(y, z)$ sowie der Symmetrie der Geometrie bzgl. der x-z-Ebene.

Nach der in den Abschnitten zuvor betrachteten Quadergeometrie führt also auch die Variation der zweiten Ausgangsgeometrie mit orthogonalen Schalleinstrahlungsformen, des Zylinders, für die gewählte Variation zum Verlust dieser Orthogonalität. Zur Untersuchung des Ausmaßes der Abweichung von der Orthogonalität in Abhängigkeit der vorgenommenen Geometrievariation zeigt Abb. 5.23 den $I_{O,25}$-Wert nach Gl. 5.8 für verschiedene Höhen des eingezogenen Bodens.

Der Verlauf des $I_{O,25}$-Werts weist ein Minimum bei 50 % sowie ein Randminimum bei 90 % auf. Der nicht dargestellte Wert für 100 % entspricht dem ungeschnittenen Zylinder und ergibt sich daher zu 0. Der Wert nahe 0 bei 50 % ist gleichbedeutend mit der Existenz orthogonaler Schalleinstrahlungsformen für diese Konfiguration

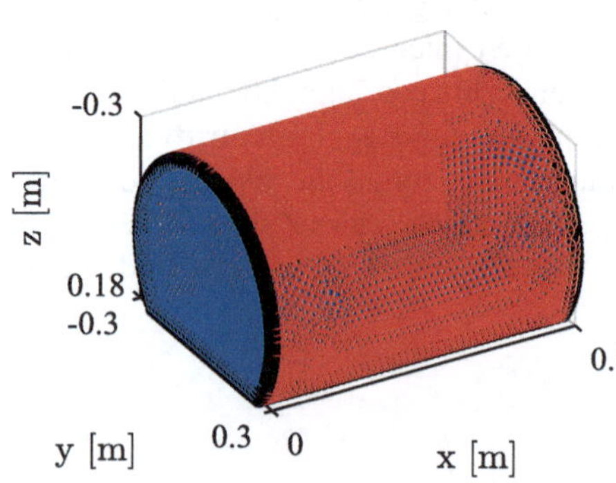

Abb. 5.20 Randknoten des Zylindermodells mit gekrümmter Interaktionsfläche, Knoten der Interaktionsfläche rot, Kantenknoten schwarz markiert

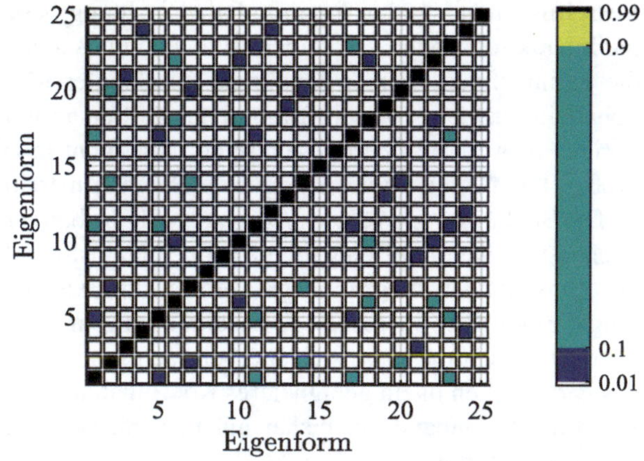

Abb. 5.21 KOR-Werte der auf die Interaktionsfläche in Abb. 5.20 reduzierten akustischen Eigenformen

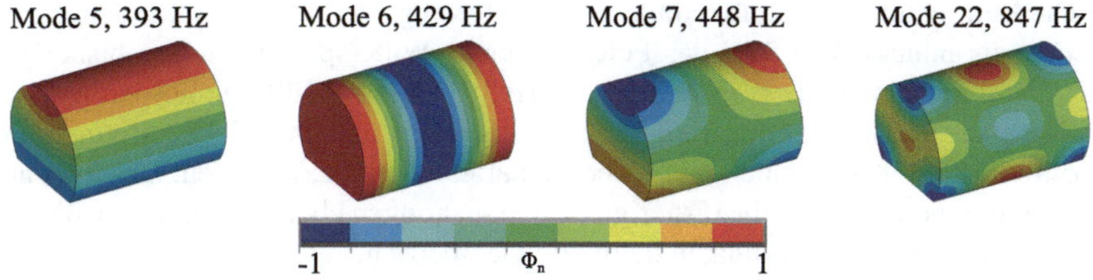

Abb. 5.22 Anhand Abb. 5.21 ausgewählte, auf den Maximalwert normierte akustische Eigenformen der Kavitätsgeometrie aus Abb. 5.20

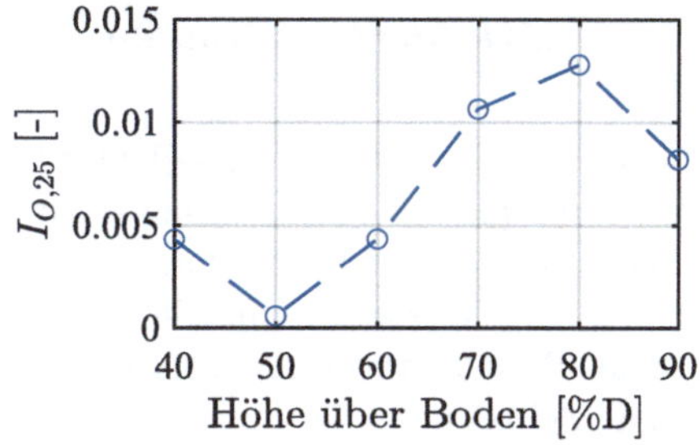

Abb. 5.23 Orthogonalitätsindizes $I_{O,25}$ nach Gl. 5.8 für eine Höhe über Boden zwischen 40 % und 90 % des Zylinderdurchmessers, vgl. Abb. 5.20

und ist begründet durch eine Betrachtung der Geometrie in Zylinderkoordinaten[5]. Da der Boden den Vollzylinder genau auf der Hälfte teilt, sind für diese Konfiguration die Integrationsgrenzen bezüglich aller drei Koordinaten (Radius, Umfangswinkel, axiale Ausdehnung) konstant. Die Eigenformen lassen sich dann analog zum Vollzylinder als Produkt von Cosinusfunktionen in Umfangs- und Längenrichtung sowie

[5] Der $I_{O,25}$-Wert für 50 % liegt nicht bei exakt 0, sondern beträgt $6 \cdot 10^{-4}$. Eine Verdoppelung der verwendeten Elemente je Wellenlänge senkt diesen Wert jedoch unter $2 \cdot 10^{-4}$, sodass hier eher von einer nicht abgeschlossenen Konvergenz der Berechnungskette als einem grundsätzlichen Abweichen von der Orthogonalität der Schalleinstrahlungsformen auszugehen ist.

Besselfunktionen erster Art in radialer Richtung beschreiben. Nach Reduktion auf die Interaktionsfläche verbleiben dann, ebenfalls analog zum Vollzylinder, nur noch die Kosinusfunktionen in Umfangs- und axialer Richtung und somit orthogonale Schalleinstrahlungsformen. Eine derartige Separation der Eigenformen ist für die übrigen in Abb. 5.23 berücksichtigten Fälle nicht möglich, sodass sich $I_{O,25}$-Werte größer 0 und somit keine orthogonalen Schalleinstrahlungsformen ergeben.

Die Beobachtungen dieses Abschnitts für die betrachtete gekrümmte Interaktionsfläche ist ein weiterer Beleg für die in Forschungshypothese 3.1 vermutete Bedingung der Konstanz der Integrationsgrenzen für die Existenz orthogonaler Schalleinstrahlungsformen über die bisherige Beschränkung auf ebene Interaktionsflächen hinaus. Die Orthogonalität lässt sich hierbei nach einem Wechsel der Betrachtungsweise aus kartesischen in ein geeigneteres Koordinatensystem, in diesem Fall zylindrische Koordinaten, anhand der bisher nur in kartesischen Koordinaten genutzten Argumentation begründen.

Die Betrachtung des Halbzylinders birgt allerdings bei Vergleich mit den Untersuchungen anhand Abb. 5.17 das Potenzial eines Widerspruchs zu den bisherigen Betrachtungen. Auch die Bodenfläche des Halbzylinders erfüllt die Forderung nach der Konstanz der Integrationsgrenzen nach Forschungshypothese 3.1 bei Betrachtung in zylindrischen Koordinaten, nicht aber in kartesischen Koordinaten. Der folgende Abschnitt erweitert daher die bisherigen Untersuchungen ebener Interaktionsflächen auf in zylindrischen Koordinaten definierte Geometrien.

5.4.4 Formulierung von Schalleinstrahlungsformen in Zylinderkoordinaten

Die Bodenfläche des angesprochenen Halbzylinders stellt bei Formulierung in Zylinderkoordinaten einen Zusammenschluss aus den beiden Grenzflächen mit konstanter axialer und radialer Koordinate sowie minimaler und maximaler Winkelkoordinate, 0° und 180° dar. Zur Vereinfachung durch Betrachtung nur einer Grenzfläche verwenden die Betrachtungen des folgenden Abschnitts daher den in Abb. 5.24 dargestellten Viertelzylinder.

Zunächst unter Verzicht auf die Darstellung der KOR-Wert der einzelnen Paarungen auf die jeweilige Interaktionsfläche reduzierter Eigenformen ergeben sich für die Interaktionsflächen 1 und 2 $I_{O,25}$-Werte von 0. Für Interaktionsfläche 1 ist dies plausibilisiert durch die Konstanz der Integrationsgrenzen in Normalenrichtung bereits bei Betrachtung in kartesischen Koordinaten, analog der Untersuchungen in den vorangegangenen Abschnitten.

Da die Eigenformen, wiederum analog zum Vollzylinder, als Produkt von Kosinusfunktionen in Umfangs- und Längsrichtung sowie Besselfunktionen erster Art in radialer Richtung beschrieben werden, ergeben sich die auf Interaktionsfläche 2 reduzierten Eigenformen auch hier als Produkt von Kosinusfunktionen in den

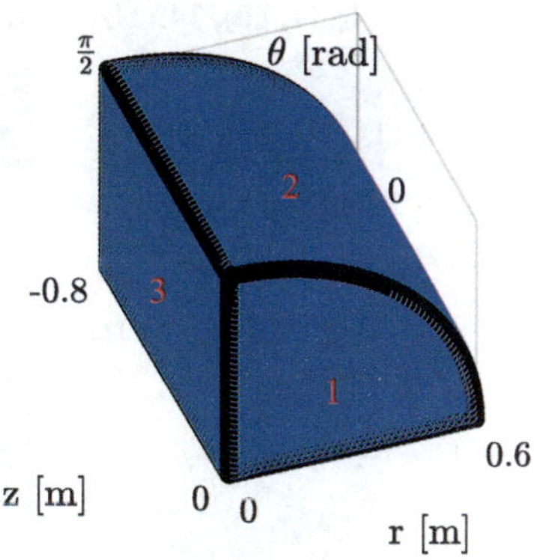

Abb. 5.24 Randknoten des Viertelzylinder-Modells mit rot nummerierten Interaktionsflächen, Kantenknoten schwarz markiert

beiden beteiligten Koordinatenrichtungen, was ebenfalls zur Existenz ausschließlich orthogonaler Schalleinstrahlungsformen und somit einem $I_{O,25}$-Werte von 0 führt.

Nach Reduktion der numerischen Eigenformen auf Interaktionsfläche 3 durch Auswertung der Lösung in den Randknoten ergibt der Vergleich durch das KOR-Kriterium hingegen einen $I_{O,25}$-Wert von 0,035. Zunächst ist hier die Auswertung der reduzierten Eigenformen an die gewählten Kavitätsgeometrie anzupassen. Die Orthogonalität der Schalleinstrahlungsformen ist für die bisher behandelten Geometrien bedingt durch die der Orthogonalität der Eigenformen zugrunde liegende implizite gleichmäßige Massenverteilung. Für die radiale Koordinate eines Zylinders ist jedoch zusätzlich zu berücksichtigen, dass eine dem Radius proportionale Massenverteilung vorliegt. Die akustischen Eigenformen sind bei Formulierung in zylindrischen Koordinaten daher zunächst nur bezüglich dieser radienproportionalen Massenverteilung orthogonal. Um aus diesen Eigenformen einen Satz untereinander orthogonaler Vektoren im Sinne des KOR-Kriteriums nach Gl. 5.3 zu erhalten, ist daher entweder eine räumliche Anpassung der Abtastpunkte oder eine Gewichtung der abgetasteten Werte notwendig. Die folgenden Betrachtungen wählen den Weg der Gewichtung bei gleichmäßiger Abtastung. Auszuwerten bzgl. der Interaktionsfläche sind dann die gewichteten Eigenformen

$$\phi_{G,j}\,(r,\theta,z) = \sqrt{r}\cdot\phi_j\,(r,\theta,z) \tag{5.10}$$

mit dem Radius r, dem Umfangswinkel θ sowie der axialen Koordinate z.

Nach Gewichtung mit der Quadratwurzel des Radius der an Interaktionsfläche 3 in Abb. 5.24 ausgewerteten Eigenformen ergibt sich ein nur leicht reduzierter $I_{O,25}$-Wert von 0,033. Trotz der Separierbarkeit der Eigenformen in die drei Richtungen des Zylinderkoordinatensystems liefert auch die Berücksichtigung der Massenverteilung somit keine orthogonalen Schalleinstrahlungsformen. Die zur weiteren Untersuchung herangezogenen Eigenformen des Viertelzylinders zeigt Abb. 5.25.

Dargestellt sind die zur Berechnung des $I_{O,25}$-Werts berücksichtigten Eigenformen mit konstantem Verlauf in z-Richtung sowie die 26. Eigenform. Diese findet im berechneten $I_{O,25}$-Wert keine Berücksichtigung, wird hier zur besseren Darstellung

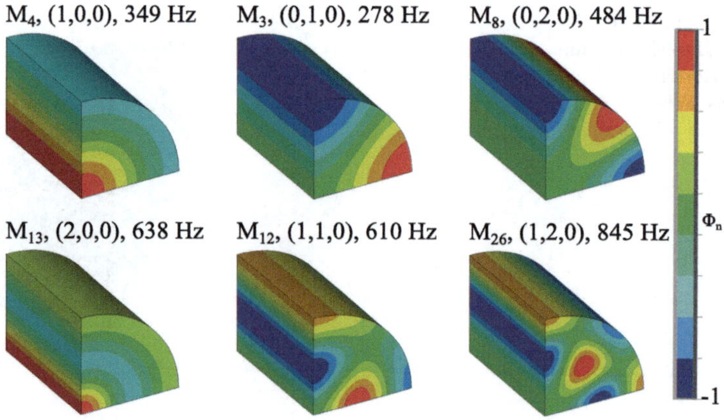

Abb. 5.25 In z-Richtung konstante, auf den Maximalwert normierte akustische Eigenformen der Kavitätsgeometrie aus Abb. 5.24

der Systematik der relevanten Eigenformen aber mit aufgeführt. Die dargestellten Moden sind anhand ihrer Ordnungszahl, ihrer Knotenlinien in radialer, Umfangs- und axialer Richtung sowie der zugehörigen Eigenfrequenzen gekennzeichnet. Entsprechend den in Abschn. 5.4.3 betrachteten Eigenformen ergeben sich die weiteren Moden als ganzzahlige Vielfache einer Kosinushalbwelle in z-Richtung bzw. als Kombinationen dieser Halbwellen mit den in Abb. 5.25 dargestellten Moden. Auf die Abbildung dieser Eigenformen mit Beteiligung in z-Richtung sowie der fundamentalen Eigenform wird hier verzichtet.

In den Spalten von Abb. 5.25 finden sich Eigenformen mit gleicher Anzahl Knotenlinien in Umfangs- aber unterschiedlicher in radialer Richtung. Da die Umfangsrichtung für die betrachtete Interaktionsfläche nicht berücksichtigt wird, wäre somit anhand des Analogon des Quaders für Eigenformen in der gleichen Spalte eine Orthogonalität der reduzierten Eigenformen zu erwarten. Die Zeilen der Abbildung enthalten Moden mit gleicher Anzahl Knotenlinien in radialer, jedoch unterschiedlicher Anzahl in Umfangsrichtung. Anhand der Betrachtungen am Quader wäre hier daher eine Parallelität der reduzierten Eigenformen anzunehmen. Zur Überprüfung dieser Annahmen sind in Abb. 5.26 die Werte des KOR-Kriteriums für den Vergleich der in Abb. 5.25 dargestellten sowie der fundamentalen Eigenform nach radialer Gewichtung dargestellt.

Die resultierenden KOR-Werte bestätigen zunächst die anhand Gl. 5.10 vorgenommene Gewichtung der Eigenformen. Die Werte der reduzierten Eigenformpaare mit gleichem Umfangsindex in den Spalten von Abb. 5.25 ergeben sich zu 0, ohne Gewichtung betragen die KOR-Werte $KOR_{4,13} = 0{,}39$, $KOR_{3,12} = 0{,}25$ und $KOR_{8,26} = 0{,}007$. KOR-Werte ungleich 0 für diese Paarungen nach Wichtung würden aufgrund der Identität der Indizes in Umfangs- und axialer Richtung ein Abweichen von der Orthogonalität der Fluideigenformen bzgl. der Massenverteilung und somit eine fehlerhafte Wichtung bedeuten.

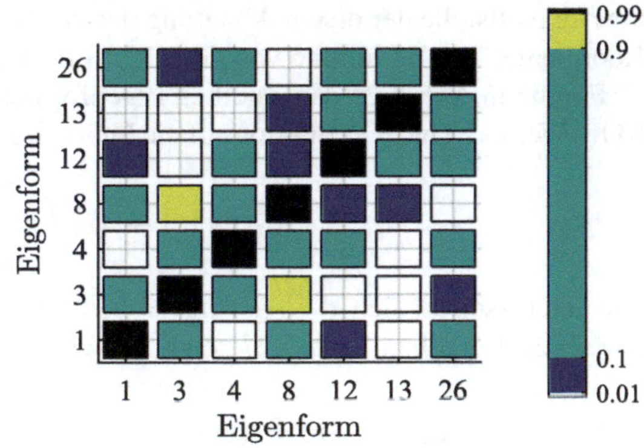

Abb. 5.26 KOR-Werte der auf die Interaktionsfläche 3 in Abb. 5.24 reduzierten akustischen Eigenformen aus Abb. 5.25 nach Gewichtung

Abb. 5.26 zeigt bei Betrachtung der Zeilen von Abb. 5.25 aber auch, dass die analog zum Quader zu erwartende Orthogonalität der reduzierten Eigenformen bei gleicher bzw. Parallelität bei unterschiedlicher radialer Knotenlinienzahl nicht gegeben ist. Zur Ermittlung der Ursache dieses Abweichens erlaubt die gewählte Kavitätsform des Viertelzylinders die analytische Formulierung der akustischen Eigenformen analog der Betrachtungen am Vollzylinder bei [Hes16, S. 31]. Hierzu erfolgt zunächst die Separation der Eigenformen in die Raumrichtungen zu

$$\phi_j\,(r, \theta, z) = \phi_{R,j}\,(r)\,\phi_{\Theta,j}\,(\theta)\,\phi_{Z,j}\,(z)\,. \tag{5.11}$$

Die schallharten Randbedingungen in den drei Raumrichtungen des Viertelzylinders

$$\begin{aligned} \left.\frac{d\phi_{R,j}}{dr}\right|_{r=R} &= 0 \\ \left.\frac{d\phi_{\Theta,j}}{d\theta}\right|_{\theta=0} = \left.\frac{d\phi_{\Theta,j}}{d\theta}\right|_{\theta=\frac{\pi}{2}} &= 0 \\ \left.\frac{d\phi_{Z,j}}{dz}\right|_{z=0} = \left.\frac{d\phi_{Z,j}}{dz}\right|_{z=L_Z} &= 0 \end{aligned} \tag{5.12}$$

führen dann analog zum Vollzylinder auf die Eigenformen

$$\phi_{l,m,n}\,(r, \theta, z) = J_{2\,m}\left(\tau_{2\,m,l}\frac{r}{R}\right)\cos\left(2\,m\theta\right)\cos\left(\frac{n\pi z}{L_Z}\right). \tag{5.13}$$

Hierbei bezeichnen R und L_Z die Ausdehnungen in radialer bzw. axialer Richtung, $l, m, n \in \mathbb{N}_0$ die Indizes in radialer, Umfangs- und axialer Richtung, J_{2m} die $2m$-te Besselfunktion erster Art und $\tau_{2m,l}$ mit

$$\frac{d\,J_{2\,m}\left(\tau_{2\,m,l}\right)}{dr} = 0 \tag{5.14}$$

die l-te Nullstelle der ersten Ableitung der $2m$-ten Besselfunktion nach der radialen Koordinate. Die Herleitung von Gl. 5.13 ist in Anhang B gegeben.

Für die in Abb. 5.25 dargestellten Eigenformen bzw. deren Vergleich anhand des KOR-Wertes ist nach Reduktion auf die Interaktionsfläche dabei nur die Komponente

$$\phi_{R,l,m}(r) = J_{2m}\left(\tau_{2m,l}\frac{r}{R}\right) \tag{5.15}$$

von Interesse, da sich $\phi_{\Theta,j}(\theta)$ mit $\theta = \frac{\pi}{2}$ und $\phi_{Z,j}(z)$ mit $n = 0$ betragsmäßig jeweils zu 1 ergeben. Abb. 5.27 zeigt die Verläufe der nach Gl. 5.10 gewichteten

$$\phi_{G,R,l,m}(r) = \sqrt{r} \cdot \phi_{R,l,m}(r) = \sqrt{r} \cdot J_{2m}\left(\tau_{2m,l}\frac{r}{R}\right) \tag{5.16}$$

für $l = 0 \ldots 2$ und $m = 0 \ldots 2$. Die trivialen Fälle

$$\phi_{R,l,m}(r) = 0; \; l = 0, m > 0 \tag{5.17}$$

sind in Abb. 5.27 nicht berücksichtigt.

Der optische Vergleich insbesondere der $\phi_{G,R,l,m}$, $m > 0$ belegt den Befund der aus der FE-Simulation gewonnenen KOR-Werte, Abb. 5.26, dass für ungleiche m bei zusätzlich gleichen l im Gegensatz zur Quaderkavität keine Parallelität oder Orthogonalität vorliegt, sodass auch nach Gewichtung mit der Massenverteilung über dem Radius weder die Formulierung orthogonaler Schalleinstrahlungsformen noch das Zusammenfassen mehrerer reduzierter Eigenformen in einer Schalleinstrahlungsform für die gewählte Interaktionsfläche möglich sind. Zur weiteren Betrachtung dieser Abweichungen zeigt Abb. 5.28 die KOR-Werte für den Vergleich der $\phi_{G,R,l,m}$[6] aus Abb. 5.27, zur Verdeutlichung der zugrunde liegenden Systematik ist der betrachtete Bereich dabei auf $l = 0 \ldots 3$ erweitert. Die Darstellung ist zudem strukturiert nach den betrachteten Umfangsindizes m.

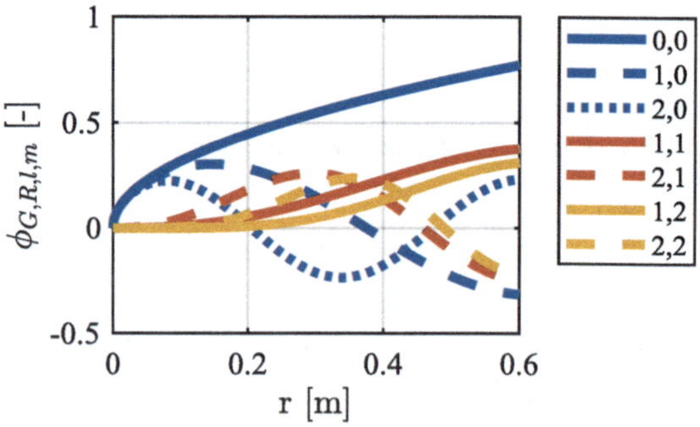

Abb. 5.27 Verlauf der $\phi_{G,R,l,m}$ nach Gl. 5.16 für $R = 0{,}6\,\text{m}$ und $l = 0 \ldots 2$, $m = 0 \ldots 2$

[6] $\phi_{G,R,l,m}(r)$ ist zunächst eine in r kontinuierliche Funktion, der KOR-Wert in Gl. 5.3 aber für Vektoren definiert. Zur Berechnung des KOR-Werts erfolgt daher eine Diskretisierung der zu vergleichenden $\phi_{G,R,l,m}(r)$ in 10^3 Segmente.

Abb. 5.28 KOR-Werte der $\phi_{G,R,l,m}$ nach Gl. 5.16 für $R = 0{,}6\,\mathrm{m}$ und $l = 0 \ldots 3$, $m = 0 \ldots 3$

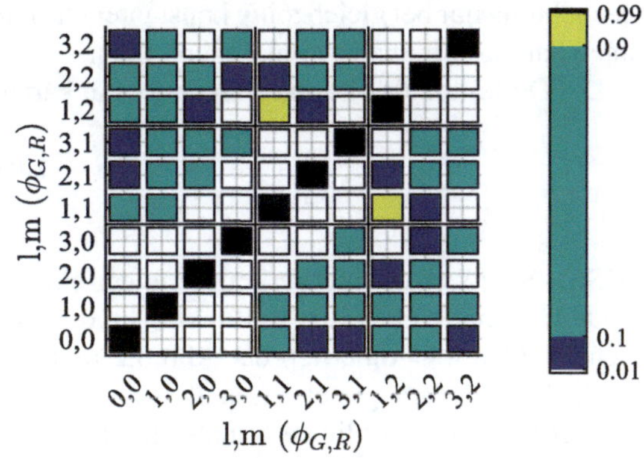

Der Vergleich anhand der KOR-Werte bestätigt, dass die betrachteten $\phi_{G,R,l,m}$ nur für identische m orthogonal sind, nicht aber parallel für unterschiedliche m und gleiche l oder orthogonal für unterschiedliche m und l. Dies ist kein Widerspruch zur Forderung nach Orthogonalität der nicht-reduzierten Eigenformen bzgl. der Massenverteilung, da diese für unterschiedliche m aus der Orthogonalität der $\phi_{\Theta,m}$ folgt. Lediglich für identische Indizes m und n muss diese Orthogonalität für unterschiedliche l durch die $\phi_{R,m,l}$ allein hergestellt werden, diese Bedingung erfüllen die in Abb. 5.27 dargestellten $\phi_{G,R,l,m}$ anhand der resultierenden KOR-Werte offensichtlich.

Nach Reduktion dieser Eigenformen auf die Interaktionsfläche ergibt sich aufgrund der Vernachlässigung der $\phi_{\Theta,m}$ im Rahmen dieser Reduktion jedoch keine uneingeschränkte Orthogonalität der Schalleinstrahlungsformen. Dies ist auf die Verknüpfung der $\phi_{R,m,l}$ mit dem Index m der $\phi_{\Theta,m}$ zurückzuführen. Diese entsteht beim Lösen der Helmholtz-Gleichung aufgrund der Definition des Laplace-Operators in zylindrischen Koordinaten zu

$$\Delta\varphi\,(r, \theta, z) = \frac{\partial^2 \varphi}{\partial r^2} + \frac{1}{r}\frac{\partial \varphi}{\partial r} + \frac{1}{r^2}\frac{\partial^2 \varphi}{\partial \theta^2} + \frac{\partial^2 \varphi}{\partial z^2}, \tag{5.18}$$

vgl. z. B. [MS61, S. 12]. Für gemäß Abschn. 2.2.3 reguläre Geometrien existiert somit ein Gegenbeispiel zur uneingeschränkten Existenz orthogonaler Schalleinstrahlungsformen auch für diese, bereits sehr beschränkte, Klasse an Geometriedefinitionen. Da reguläre Geometrien auch die der erweiterten Regularität gemäß Forschungshypothese 3.1 in Abschn. 5.3.4 erfüllen, ist diese somit nicht uneingeschränkt anzunehmen. Stattdessen ist ergänzend zu fordern, dass die separierten Lösungen der Helmholtz-Gleichung in den Richtungen parallel zur Interaktionsfläche nicht mit der Lösung senkrecht zu dieser verknüpft sind. Für die Eigenformen des Viertelzylinders nach Gl. 5.13 ist dies für die Stirn- (1) und Mantelfläche (2) in Abb. 5.24 der Fall, nicht aber für die Seitenfläche (3). Die Verknüpfung der Lösung in radialer mit derjenigen in Umfangsrichtung führt hier dazu, dass die Lösungen in radialer Richtung auch nach

Gewichtung nur bei gleichzeitig konstanter Ordnung der Lösung in Umfangsrichtung einen Satz orthogonaler Funktionen bilden.

Die Definition des Laplace-Operators in kartesischen Koordinaten

$$\Delta\varphi\,(x, y, z) = \frac{\partial^2\varphi}{\partial x^2} + \frac{\partial^2\varphi}{\partial y^2} + \frac{\partial^2\varphi}{\partial z^2}, \tag{5.19}$$

[MS61, S. 9] weist keine Verknüpfung der einzelnen Koordinaten auf. Die resultierende Unabhängigkeit der Teilfunktionen der Eigenformen des Quaders nutzen die nicht-regulären Geometrien der Abb. 5.2 und 5.10 zur Konstruktion von Interaktionsflächen mit orthogonalen Schalleinstrahlungsformen. Die Kopplung der radialen und der Umfangskoordinate gemäß Gl. 5.15 wirft daher die Frage auf, ob eine solche Konstruktion auch für die Zylindergeometrie in Bezug auf die Mantelfläche bzw. die Interaktionsfläche 2 in Abb. 5.24 möglich ist. Hierzu werden im Folgenden das zuvor betrachtete Rhomboeder sowie der Quader mit Ausschnitt auf den Viertelzylinder übertragen. Die resultierenden Geometrien sind in Abb. 5.29 dargestellt.

Das Analogon zum um die z-Achse gescherten Rhomboeder entsteht hierbei durch Scherung der Stirnflächen des Viertelzylinders zueinander mittels 30°-Rotation um die z-Achse. Für den zweiten Testfall erhält die Ausgangsgeometrie einen Ausschnitt an der Interaktionsfläche mit Kantenlängen von 30 % der z-Ausdehnung, der dann als Keil auf die z-Achse konvergiert. Beide Geometrien weisen somit gemäß Forschungshypothese 3.1 für Schnitte mit konstantem Radius auch konstante Grenzen bzgl. der axialen und der Umfangskoordinate auf und erfüllen die Definition der erweitert regulären Geometrie.

Unter Verzicht auf die vollständige Darstellung der KOR-Matrizen ergeben sich die $I_{O,25}$-Werte jeweils zu 0,02, für beide Geometrien liefert die Reduktion der Eigenformen auf die Interaktionsfläche somit keine orthogonalen Schalleinstrahlungs-

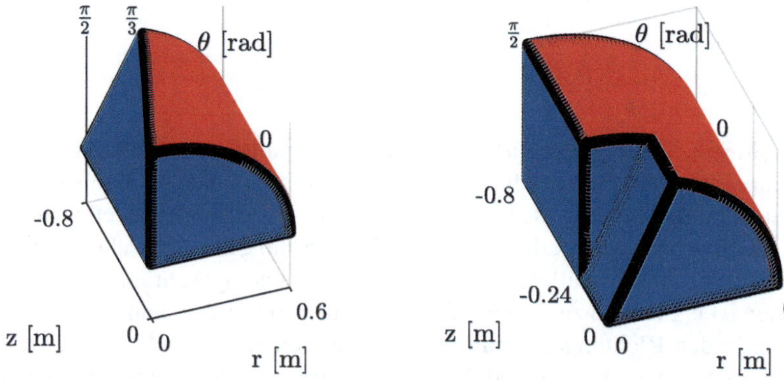

Abb. 5.29 Übertragung auf den Viertelzylinder der vom Quader abgeleiteten Geometrien des Rhomboeders (links, vgl. Abb. 5.2) sowie des Quaders mit Ausschnitt (rechts, vgl. Abb. 5.10), Interaktionsflächen rot markierten, Kantenknoten schwarz

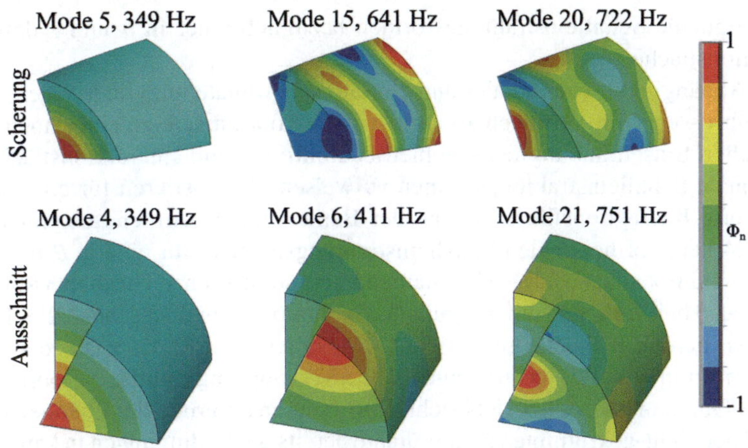

Abb. 5.30 Ausgewählte, auf den Maximalwert normierte akustische Eigenformen der Kavitätsgeometrien aus Abb. 5.29

formen. Zur näheren Betrachtung stellt Abb. 5.30 für beide Geometrien ausgewählte Eigenformen dar.

Zunächst ergibt sich, analog zur jeweils 5. Eigenform in den Abb. 5.4 und 5.12, für beide Geometrien eine nur bzgl. der radialen Koordinate varianten Eigenform. Diese weisen an der Interaktionsflächen jeweils eine konstante Amplitude auf und lassen sich daher mit der fundamentalen sowie allen weiteren Eigenformen mit ausschließlich radialer Beteiligung zu einer Schalleinstrahlungsform zusammenfassen. Die Unabhängigkeit der Eigenformen von den Integrationsgrenzen in Umfangs- und axialer Richtung zeigt sich auch anhand der identischen Eigenfrequenzen, auch im Vergleich mit der 4. Eigenform des Viertelzylinders, vgl. Abb. 5.25.

Für Eigenformen mit Beteiligung in einer oder beiden der anderen Koordinatenrichtungen zeigen jedoch die gewählten Beispiele eine Amplitudenverteilung, die sich nur als $\phi_j\,(r, \theta, z)$ darstellen lassen und nicht als das Produkt separierter Funktionen $\phi_{R,j}\,(r)$ und $\phi_{\Theta,Z,j}\,(\theta, z)$, was die Existenz orthogonaler Schalleinstrahlungsformen bedeutet hätte. Die KOR-Werte ergeben sich zu $KOR_{15,20} = 0{,}32$ für die betrachteten reduzierten Eigenformen des gescherten bzw. $KOR_{6,21} = 0{,}54$ für diejenigen des Viertelzylinders mit ausgeschnittenem Keil, es lassen sich aus den reduzierten Eigenformen also keine orthogonalen Schalleinstrahlungsformen formulieren. Dieser Unterschied zu den Eigenformen der analog in kartesischen Koordinaten konstruierten Geometrien, Abb. 5.4 und 5.12, ist wiederum mit der Verknüpfung von Umfangs- und radialer Koordinate in Gl. 5.18 in Verbindung zu bringen bzw. der Unabhängigkeit der Koordinaten in Gl. 5.19. Diese bedingt offenbar eine Separierbarkeit in θ- und z-Richtung, da ohne diese aufgrund der Verknüpfung von θ- und r-Koordinate die Separierbarkeit in zwei Funktionen $\phi_{R,j}\,(r)$ und $\phi_{\Theta,Z,j}\,(\theta, z)$ nicht mehr gegeben ist. Dies ist gleichbedeutend mit der Forderung nach einer regulären Geometrie mit konstanten Integrationsgrenzen in allen 3 Raumrichtungen für orthogonale Schalleinstrahlungsformen bezüglich einer in θ und z definierten Interaktionsfläche.

Die Abhängigkeit von radialer und Umfangskoordinate in zylindrischen Koordinaten führt somit, im Vergleich zu kartesischen Koordinaten, zu einer noch einmal erheblichen Einschränkung der Geometriedefinitionen mit Interaktionsflächen, die orthogonale Schalleinstrahlungsformen aufweisen. So existieren für eine in r und z definierte Interaktionsfläche gemäß der Betrachtungen am Viertelzylinder nach Abb. 5.24 keine orthogonalen Schalleinstrahlungsformen, für eine in θ und z definierte Interaktionsfläche nur bei konstanten Integrationsgrenzen in allen 3 Raumrichtungen, also bei Vorliegen einer regulären Geometrie gemäß Abschn. 2.2.3. Für eine in r und θ definierte Fläche gilt lediglich die Forderung nach Konstanz der Integrationsgrenzen in r und θ, da zum einen keine Verknüpfung mit der z-Koordinate im Laplace-Operator nach Gl. 5.18 besteht, zum anderen aufgrund der Ebenheit der Fläche und der nicht-gekrümmten z-Koordinate bereits die Bedingungen in kartesischen Koordinaten erfüllt sind.

Die Betrachtungen an den verschiedenen Geometrien dieses und der vorangegangenen Abschnitte untersuchen die Existenz orthogonaler Schalleinstrahlungsformen bei Betrachtung in einem zur Beschreibung der jeweiligen Geometrie günstigen Koordinatensystem. Offen ist bisher allerdings noch die Frage, ob für Geometrien, für die in einem Koordinatensystem keine orthogonalen Schalleinstrahlungsformen gefunden werden können, ein anderes, diesbezüglich günstigeres Koordinatensystem existiert, sodass eine Beschreibung des Problems in diesem zum Ziel führt. Diese Frage behandelt der folgende Abschnitt.

5.4.5 Formulierung von Schalleinstrahlungsformen in beliebigen Koordinatensystemen

Die Untersuchungen der vergangenen Abschnitte lassen auf mehrere Bedingungen für die Ableitbarkeit orthogonaler Schalleinstrahlungsformen bzgl. einer Interaktionsfläche in einem gegebenen Koordinatensystem mit den Koordinaten u_1, u_2 und u_3 schließen. Vorausgesetzt ist hierbei, dass die Interaktionsfläche durch die Koordinaten u_1 und u_2 invariant bzgl. der dritten Koordinate u_3 des zugrunde gelegten Koordinatensystems beschrieben werden kann. Die Ableitung orthogonaler Schalleinstrahlungsformen aus den akustischen Eigenformen erfordert dann:

1. Die akustischen Eigenformen $\phi_j(u_1, u_2, u_3)$ des Volumens sind separierbar in mindestens 2 Funktionen $\phi_{1,2,j}(u_1, u_2)$ und $\phi_{3,j}(u_3)$ bzw. 3 Funktionen $\phi_{1,j}(u_1)$, $\phi_{2,j}(u_2)$ und $\phi_{3,j}(u_3)$.
2. Die Funktionen $\phi_{1,2,j}(u_1, u_2)$ bzw. die Produkte $\phi_{1,j}(u_1) \cdot \phi_{2,j}(u_2)$ bilden, ggf. nach Gewichtung, einen Satz orthogonaler Funktionen.

Aus Forderung 1 folgt, dass $\phi_3(u_3)$ nur von der Koordinate u_3 abhängt, bzgl. der die Interaktionsfläche invariant ist und $\phi_{1,2}(u_1, u_2)$ bzw. $\phi_1(u_1)$ und $\phi_2(u_2)$ nicht von dieser Koordinate abhängen. Diese Forderung setzt allerdings die Separierbarkeit der durch die Eigenformen gelösten Helmholtz-Gleichung im gewählten Koordinatensystem voraus. Morse und Feshbach [MF53, S. 513 ff.] leiten aus den Anforderungen an ein solches System nur insgesamt 11 Koordinatensysteme ab, für die diese Separierbarkeit gegeben ist. Eine Interaktionsfläche muss also als Koordinatenfläche in einem dieser Systeme darstellbar sein, damit orthogonale, frequenzunabhängige Schalleinstrahlungsformen für die Beschreibung der Schalleinstrahlung in ein dahinter liegendes Volumen in Frage kommen.

Falls die Interaktionsfläche diese Anforderung erfüllt, lassen die Ergebnisse der Betrachtungen in kartesischen und zylindrischen Koordinaten dann auf grundlegende Einschränkungen bzgl. der Volumengeometrie schließen. Hierbei ist für die separierten Eigenformen zwischen mehreren Fällen zu unterscheiden. Diese ergeben sich aus der Verknüpfung der einzelnen Koordinaten im Laplace-Operator des jeweiligen Koordinatensystems. Besteht in keine Richtung eine Verknüpfung der Koordinaten der Interaktionsfläche u_1 und u_2 mit der Koordinate u_3, so genügt eine Konstanz der Integrationsgrenzen in Richtung der Koordinate u_3, also eine erweitert reguläre Geometrie gemäß Abschn. 5.3.4. Beispiele hierfür sind alle 3 Koordinatenflächen in kartesischen sowie die r-θ-Koordinatenfläche in zylindrischen Koordinaten. Letztere ist aufgrund ihrer Konstanz in z-Richtung allerdings äquivalent mit der x-y-Ebene in kartesischer Betrachtung.

Besteht hingegen eine Verknüpfung von u_3 mit u_1 oder u_2 anhand des Laplace-Operators, ist zunächst die Separierbarkeit in die Funktionen $\phi_{1,2,j}\,(u_1, u_2)$ und $\phi_{3,j}\,(u_3)$ und dann die Orthogonalität der Funktionen $\phi_{1,2,j}\,(u_1, u_2)$ für unterschiedliche Indizes j zu prüfen.

Ein Beispiel hierfür ist die θ-z-Koordinatenfläche in zylindrischen Koordinaten mit der Verknüpfung von r mit θ im Laplace-Operator, Gl. 5.18. Aus dieser Verknüpfung folgt für die Eigenformen der regulären Geometrie des Viertelzylinders, Gl. 5.13 eine Lösung in radialer Richtung durch Besselfunktionen. Aufgrund der Abhängigkeit der Ordnung dieser Besselfunktionen von der Skalierung der Kosinusfunktion in Umfangsrichtung sowie der Beschränkung der Orthogonalität der gewichteten Besselfunktionen auf eine konstante Ordnung, Abb. 5.28, ergeben sich in Zylinderkoordinaten nur für reguläre Geometrien, welche eine Separation der Eigenformen in $\phi_{R,j}\,(r)$, $\phi_{\Theta,j}\,(\theta)$ und $\phi_{Z,j}\,(z)$ erlauben, orthogonale Schalleinstrahlungsformen bzgl. der θ-z-Koordinatenfläche. Ebenfalls infolge der Beschränkung der Orthogonalität der Besselfunktionen auf eine konstante Ordnung ist für die r-z-Fläche des Viertelzylinders trotz der gegebenen Separierbarkeit der Eigenformen in die 3 Raumrichtungen keine Ableitung orthogonaler Schalleinstrahlungsformen bzgl. dieser Fläche möglich.

Moon und Spencer [MS61] geben in einer umfangreichen tabellarischen Zusammenstellung die Laplace-Operatoren, geeignete Funktionen zur Lösung der Helmholtz-Gleichung nach Separation in die jeweiligen Raumrichtungen sowie die Orthogonalitätseigenschaften dieser Funktionen für die von Morse und Feshbach [MF53] identifizierten Koordinatensysteme an. Die Laplace-Operatoren zeichnen sich dabei in den meisten Koordinatensystemen durch die Verknüpfung mehrerer Koordinatenrichtungen miteinander aus, [MS61, S. 9 ff.]. Diese Verknüpfung besteht häufig in der Abhängigkeit der Ordnung einer Lösungsfunktion von Argument oder Ordnung einer Lösungsfunktionen in einer anderen Raumrichtung, ähnlich der Besselfunktion in Gl. 5.13. Die Orthogonalität dieser Lösungsfunktionen nach Anwendung entsprechender Randbedingungen und ggf. Gewichtung ist jedoch überwiegend nur bei konstanter Ordnung gegeben, [MS61, S. 182 ff.]. Diese vielfachen Verknüpfungen lassen vermuten, dass für die meisten Koordinatenflächen keine orthogonalen Schalleinstrahlungsformen aus den auf die Interaktionsfläche reduzierten Eigenformen ableitbar sind, analog der r-z-Fläche des Viertelzylinder.

Tab. 5.1 stellt anhand dieser Operatoren und Funktionseigenschaften eine Vorhersage der Bedingungen für die Existenz orthogonaler Schalleinstrahlungsformen in diesen Koordinatensystemen zusammen. Angegeben sind diese Bedingungen für jede Koordinatenebene jedes Koordinatensystems bei Lage der Interaktionsfläche in dieser Koordinatenebene. Die Tabelle dient dabei nur der Übersicht, für eine nähere Beschreibung der einzelnen Koordinatensysteme, die jeweilige Definition des Laplace-Operators und die Lösungen der Helmholtz-Gleichung sei hier auf die Zusammenstellung durch Moon und Spencer verwiesen. Tab. 5.1 verwendet für die einzelnen Koordinaten daher auch weiterhin die generischen Bezeichner u_1, u_2 und u_3 in der gleichen Reihenfolge wie Moon und Spencer, dort sind die Koordinaten jeweils als u^1, u^2 und u^3 bezeichnet.

Die Schritte beim Zusammenstellen dieser Tabelle für die einzelnen Koordinatensysteme sind im Folgenden anhand der bereits bekannten Zylinderkoordinaten exemplarisch dargestellt:

Tab. 5.1 Vorhersage der Bedingungen der Existenz orthogonaler Schalleinstrahlungsformen anhand des Laplace-Operators

Koordinatensystem	u_1-u_2-Fläche	u_1-u_3-Fläche	u_2-u_3-Fläche
Kartesisch	Erweitert regulär	Erweitert regulär	Erweitert regulär
Zylindrisch	Erweitert regulär	Nicht möglich	Regulär
Elliptisch zylindrisch	Erweitert regulär	Zu prüfen	Zu prüfen
Parabolisch zylindrisch	Erweitert regulär	Nicht möglich	Nicht möglich
Sphärisch	Nicht möglich	Nicht möglich	Regulär
Prolat rotationselliptisch	Nicht möglich	Nicht möglich	Nicht möglich
Oblat rotationselliptisch	Nicht möglich	Nicht möglich	Nicht möglich
Rotationsparabolisch	Nicht möglich	Nicht möglich	Nicht möglich
Elliptisch konisch	Nicht möglich	Nicht möglich	Nicht möglich
Allgemein elliptisch	Nicht möglich	Nicht möglich	Nicht möglich
Paraboloidal	Nicht möglich	Nicht möglich	Nicht möglich

1. **Prüfen der Koordinaten-Beziehungen im Laplace-Operator**
   Die Koordinaten sind durch $u_1 = r, u_2 = \theta$[7] und $u_3 = z$ gegeben, [MS61, S. 12]. Der Laplace-Operator stellt durch den Term $\frac{1}{r^2}\frac{\partial^2\varphi}{\partial\theta^2}$ eine Verknüpfung der u_1- mit der u_2-Koordinate her [MS61, S. 12], siehe auch Gl. 5.18. Weitere Verknüpfungen bestehen nicht.
2. **Prüfen der Orthogonalität der separierten Lösungen**
   Nach Separation wird die Helmholtz-Gleichung in z- bzw. u_3- sowie in θ- bzw. u_2-Richtung durch Sinus- und Kosinusfunktionen gelöst [MS61, S. 15]. In r- bzw. u_1-Richtung wird die Helmholtz-Gleichung durch Besselfunktionen gelöst, deren Ordnung vom Argument der Lösung in u_2-Richtung abhängt. Die Orthogonalität der Besselfunktionen (nach Anwendung geeigneter Randbedingungen) ist allerdings nur bei konstanter Ordnung gegeben [MS61, S. 192], siehe auch Abb. 5.28.
3. **Ableiten der Geometrie-Anforderungen**
   a. *u_1-u_2-Fläche*
      Weder sind u_1 und u_2 mit u_3 verknüpft noch ist die Lösung in u_3 von denen in u_1 oder u_2 abhängig. Für die Separierbarkeit in und die Orthogonalität der $\phi_{1,2,j}(u_1, u_2)$ ist daher anhand der bisherigen Untersuchungen nur eine Konstanz der Integrationsgrenzen in Richtung u_3 erforderlich. Dies entspricht gemäß Abschn. 5.3.4 einer erweitert regulären Geometrie in Bezug auf die u_1-u_2-Fläche.
   b. *u_1-u_3-Fläche*
      Die Lösung in u_1 ist von der Lösung in u_2 abhängig, welche bzgl. der betrachteten Koordinatenfläche invariant ist. Aufgrund der nur eingeschränkten Orthogonalität der Lösungen in u_1 ist eine frequenzunabhängige Ableitung orthogonaler Schalleinstrahlungsformen aus den reduzierten Eigenformen nicht möglich.
   c. *u_2-u_3-Fläche*
      Das Argument der Lösung in u_2 bestimmt zwar die Ordnung der Lösung in u_1, diese ist jedoch bzgl. der Interaktionsfläche invariant, sodass diese Verknüpfung zunächst keinen Einfluss auf die Orthogonalität der reduzierten Eigenformen hat. Sie setzt allerdings die Separierbarkeit in diese und somit in alle drei Raumrichtungen voraus, was die Konstanz der Integrationsgrenzen in allen drei Raumrichtungen und somit eine reguläre Geometrie erfordert.

Zur Lösung der separierten Helmholtz-Gleichung in den Richtungen u_1 und u_2 für elliptisch zylindrische Koordinaten geben Moon und Spencer [MS61, S. 20] Linearkombinationen von Mathieu-Funktionen erster und zweiter Art an, Orthogonalitätsbedingungen sind allerdings nur für die erste Art verfügbar [MS61, S. 200]. Schritt 2 und somit die Schritte 3b und 3c der Ableitung der Bedingungen sind somit für dieses Koordinatensystem nicht durchführbar. Die Prüfung anhand eines konkreten

[7] In der Quelle wird als Bezeichner der Winkelkoordinate ψ verwendet, zwecks Konsistenz mit den vorangegangenen Betrachtungen behalten die Ausführungen dieses Abschnitts aber θ bei.

Beispiels sowie weiterführende Nachweise bzw. Belege der übrigen Vorhersagen in Tab. 5.1 würden gesonderte Betrachtungen für jede Koordinatenebene der bisher nicht betrachteten 9 Koordinatensysteme erfordern, also insgesamt 27 Modelle. Dies erscheint durch numerische Modelle wie in den vorangegangenen Abschnitten oder anhand der durch Moon und Spencer tabellierten Lösungen der Helmholtz-Gleichung für diese Koordinatensysteme zwar möglich, erfolgt hier aber nicht.

Die Eingangsfrage dieses Abschnitts lautet, ob für eine Geometrie, für die in einem Koordinatensystem keine orthogonalen, frequenzunabhängigen Schalleinstrahlungsformen bzgl. einer Interaktionsfläche aus den akustischen Eigenformen ableitbar sind, ein günstigeres Koordinatensystem gefunden bzw. formuliert werden kann. Im Hinblick auf diese Frage ist die Beschränkung auf die Koordinatenflächen der 11 Koordinatensysteme bereits eine erhebliche Einschränkung, insbesondere unter Berücksichtigung der dann folgenden Mindestforderung einer erweitert regulären Volumengeometrie. Unter Annahme der in Tab. 5.1 darüber hinaus prognostizierten weiteren Beschränkungen der zulässigen Koordinatenflächen und Volumengeometrien verbleiben lediglich erweitert reguläre Geometrien bzgl. ebener Interaktionsflächen und die Mantelflächen regulärer Geometrien in Zylinder- und Kugelkoordinaten sowie ggf. die noch zu prüfenden Koordinatenflächen in elliptischen Zylinderkoordinaten.

Im Hinblick auf Forschungshypothese 3.1 bedeuten diese Einschränkungen, dass die Hypothese lediglich für ebene Interaktionsflächen angenommen werden kann. Für gekrümmte Interaktionsflächen, auch solche, die als Teilmenge von Koordinatenflächen in einem der Systeme in Tab. 5.1 darstellbar sind, ist die Hypothese zu verwerfen. Der folgende, abschließende Abschnitt stellt die gewonnenen Erkenntnisse dieses Kapitels zusammen.

5.5 Erkenntnisse

Ausgangspunkt dieses Kapitels ist Forschungsfrage 3 nach der Möglichkeit der Formulierung orthogonaler, frequenzunabhängiger Schalleinstrahlungsformen für beliebig geformte Kavitätsgeometrien. Abschn. 5.1 zeigt, dass über die Arbeiten von Hesse hinaus, der solche Formen für die Geometrien Quader und Zylinder herleitet, kein weiteres gesichertes Wissen bzgl. dieser Frage existiert. Im Zentrum dieses Kapitels steht daher in Abschn. 5.2 die Forschungshypothese 3 der allgemeinen Existenz orthogonaler und frequenzunabhängiger Schalleinstrahlungsformen.

Anhand von Variationen der bei Hesse betrachteten Quadergeometrie zeigt Abschn. 5.3, dass der bisher zur Einteilung von Kavitäten verwendete Begriff der Regularität ungeeignet ist, eine Aussage über die Existenz frequenzunabhängiger Schalleinstrahlungsformen zu treffen. Vielmehr ist entscheidend, ob sich die betroffene Interaktionsfläche und die dahinterliegende Kavität durch eine Extrusionsbeziehung beschreiben lassen. Dies hat zur Folge, dass für die gleiche Kavitätsgeometrie die Existenz frequenzunabhängiger, orthogonaler Schalleinstrahlungsformen von der Wahl der Interaktionsfläche abhängen kann. Zunächst an kartesischen Koordinaten belegt, erweitert diese Bedingung einerseits die bisher bekannten Kavitätsgeometrien mit solchen Schalleinstrahlungsformen deutlich über Quader und Zylinder hinaus. Andererseits widerlegen die Erkenntnisse an der variierten Quadergeometrie die in Forschungshypothese 3 postulierte Existenz einer solchen Beschreibung für beliebige Geometrien. Forschungshypothese 3.1 fokussiert daher die Untersuchung auf Geometrien, die der gefundenen Extrusionsbedingung genügen.

Für kartesische Koordinaten zeigt Abschn. 5.4 zunächst, dass diese Fokussierung für die gewählten Beispiele unabhängig von der Form der Grundfläche auf frequenzunabhängige, orthogonale Schalleinstrahlungsformen führt. Eine Erweiterung auf in zylindrischen Koordinaten definierte Interaktionsflächen und Kavitäten zeigt jedoch, dass die zuvor formulierte Extrusionsbedingung hier nicht gilt. Anhand der Betrachtung der analytisch lösbaren Geometrie des Viertelzylinders zeigt sich vielmehr, dass diese die Orthogonalitätsbedingung nicht mehr erfüllt, da die Lösung der Helmholtz-Gleichung in radialer Richtung nicht unabhängig von axialer und Umfangsrichtung ist. Eine Betrachtung aller bekannten Koordinatensysteme, in denen die Helmholtz-Gleichung separierbar ist, zeigt schließlich, dass unter der begründeten Annahme der Übertragbarkeit der an zylindrischen Koordinaten gewonnenen Erkenntnisse lediglich für folgende Kavitäten und Interaktionsflächen die Formulierung frequenzunabhängiger, orthogonaler Schalleinstrahlungsformen möglich ist:

1. Koordinatenflächen in kartesischen Koordinaten, deren Kavitäten durch Extrusion in kartesischen Koordinaten aus dieser hervorgehen.
2. Koordinatenflächen in zylindrischen Koordinaten der Mantelfläche, deren Kavitäten durch Koordinatenflächen der übrigen Raumrichtungen begrenzt sind.
3. Koordinatenflächen in sphärischen Koordinaten der Kugeloberfläche, deren Kavitäten durch Koordinatenflächen der übrigen Raumrichtungen begrenzt sind.

Im Hinblick auf technisch relevante Kavitäten wie Innenräume in Gebäuden oder Fahrgastkabinen von Flugzeugen, Zügen oder Automobilen bedeuten diese Forderung neben der Beschränkungen der Berandungsgeometrien darüber hinaus einen freien Weg zwischen Interaktionsfläche und gegenüber liegender Begrenzungsfläche. Selbst bei geeigneter Geometrie der Berandung hätte dies insbesondere die Abwesenheit von Sitzen, Möbelstücken oder Personen in diesen Kavitäten zur Folge, sie wären somit in ihrer Funktion nicht nutzbar. Das Konzept der Schalleinstrahlungsbeschreibung in eine Kavität durch frequenzunabhängige, orthogonale Schalleinstrahlungsformen auf Basis der akustischen Eigenformen dieser Kavität erscheint daher für die Modellbildung der Schalleinstrahlung in technisch realisierte Kavitäten von nur geringer Relevanz.

Kapitel 6
Zusammenfassung und Ausblick

Diese Arbeit ist motiviert durch den Bedarf an effizienten Methoden zur Unterdrückung der Schalleinstrahlung in komplexe Fluid-Struktur-Systeme. Die hierzu von Hesse vorgeschlagene Beschreibung durch frequenzunabhängige, orthogonale Schalleinstrahlungsformen wird von ihm zunächst an generischen Geometrien validiert [Hes16]. Die vorliegende Arbeit erweitert das Wissen zur Anwendbarkeit dieser Methode auf technisch realisierte Kavitäten wie bspw. Fahrgastzellen von Automobilen oder Flugzeugen.

Der folgende Abschnitt fasst die Erkenntnisse zu den in Kap. 2 formulierten Forschungsfragen dieser Arbeit zusammen, bevor Abschn. 6.2 offen gebliebene Fragen diskutiert.

6.1 Voraussetzungen der Existenz frequenzunabhängiger Schalleinstrahlungsformen

Die experimentellen Untersuchungen in Kap. 3 widmen sich der Frage nach der Beschreibbarkeit einer Kabinendynamik durch stehende Wellen, da diese eine Voraussetzung der Hesseschen Überlegungen bilden. Die Ergebnisse zeigen dabei für die untersuchte Flugzeugkabine, dass im betrachteten Frequenzbereich sowohl stehende als auch laufende Wellen auftreten. Insbesondere eine Quantifizierung der jeweiligen Anteile ist bisher im Stand des Wissens nicht dokumentiert. Der Beleg der Existenz stehender Wellen auch in einer stärker gedämpften Kavität wie der untersuchten deutet daher darauf hin, dass zumindest ein Teil des akustischen Feldes durch die Hessesche Methodik beschreibbar sein könnte.

Eine weitere Voraussetzung der Hesseschen Methode ist die schwache Kopplung der interagierenden Teilsysteme. Kap. 4 definiert zunächst die Kopplungsarten

B. Hölscher, *Voraussetzungen der Existenz frequenzunabhängiger Schalleinstrahlungsformen*, Mechanics and Adaptronics,
https://doi.org/10.1007/978-3-662-72139-1_6

„schwach“, „partiell“ und „stark“ und entwickelt zur Quantifizierung der Kopplungsstärke ein frequenzabhängiges energetisches Kriterium. Die Überprüfung dieses Kriteriums an geeigneten Testfällen zeigt zunächst die Notwendigkeit einer ergänzenden Betrachtung der Verläufe der Teilsystemenergien über der Frequenz. Das Kriterium erlaubt dann die Abgrenzung schwacher von partieller und starker Kopplung. Gegenüber dem Stand des Wissens hebt sich das neue Kriterium insbesondere durch seine Anwendbarkeit am gekoppelten System ab.

Die dritte in dieser Arbeit betrachtete Voraussetzung ist die Regularität der Kavitätsgeometrie. Diese grenzt die möglichen Geometrien stark ein, sodass die Widerlegung ihrer Notwendigkeit entscheidend für die Übertragung der Hesseschen Methode auf beliebige Kavitätsgeometrien ist. Anhand numerischer und analytischer Betrachtungen zeigt Kap. 5 jedoch dass eine Formulierung orthogonaler, frequenzunabhängiger Schalleinstrahlungsformen nur für Kavitäten möglich ist, deren Geometrie sehr strenge Bedingungen erfüllt. Diese Bedingungen schließen eine technische Realisierung der Methode dabei nahezu aus.

Auch wenn diese geometrischen Einschränkungen eine weitere Verfolgung einer schalleinstrahlungsformenbasierten Reduktion der Einstrahlung in der Hesseschen Formulierung unattraktiv machen, bieten die Ergebnisse dieser Arbeit einige Ansätze für weitere Untersuchungen. Diese diskutiert der folgende Abschnitt.

6.2 Ausblick

Das in Kap. 4 entwickelte Kopplungskriterium erscheint vor allem für experimentelle Anwendungen attraktiv, da keine Bestimmung entkoppelter Systemeigenschaften gefordert ist. Eine Ermittlung des Kopplungsgrads kann dann Informationen bspw. zu geeigneten Ansätzen der numerischen Modellierung und deren Validierung liefern.

Für eine experimentelle Umsetzung wäre allerdings ein Verfahren zur Bestimmung der Energien der Teilsysteme erforderlich. Bereits zur Bestimmung der APE in einer quaderförmigen Kavität der Abmaße $0{,}8\,\mathrm{m} \times 0{,}6\,\mathrm{m} \times 0{,}42\,\mathrm{m}$ nutzt bspw. Hesse [Hes16, S. 83] 192 Mikrofonpositionen im Frequenzbereich bis 500 Hz. Für größere Kavitäten oder höhere Frequenzen steigt die Anzahl insgesamt benötigter Messpunkte bei gleichbleibender Anzahl Messpunkte je Wellenlänge zudem mit der dritten Potenz. Weiterhin ist zur Bestimmung der Teilsystemenergie neben der Kenntnis einer Amplituden- auch die einer Massen- oder Steifigkeitsverteilung erforderlich. Während für ein eingeschlossenes Luftvolumen die Massenverteilung noch als homogen angesehen werden kann, ist dies für eine Struktur nicht mehr unbedingt gegeben. Hier wären also zusätzliche Informationen über die schwingenden Komponenten notwendig.

Für weitere Untersuchungen zum Kopplungskoeffizienten ist zudem der Einfluss der Dämpfung von Struktur und Fluid von Interesse. Für eine Erhöhung der im Modell sehr niedrig angesetzten Dämpfung der Platte wäre eine Erhöhung der Impedanz insbesondere in der Resonanz und somit eine Verringerung der Kopplungsstärke zu erwarten. Für diesen Fall ist zu untersuchen, ob und wie das Kopplungskriterium dies abbildet. Andererseits führt eine Erhöhung der Dämpfung zu einer Verbreiterung von Resonanzüberhöhungen. Für frequenzmäßig benachbarte Resonanzen würde dies zu einer stärkeren Überlappung der Resonanzüberhöhungen führen, was für geometrisch kompatible Moden ähnlicher aber nicht gleicher Resonanzfrequenzen eine Kopplung begünstigen könnte.

Für die Frage des Auftretens stehender und laufender Wellen im akustischen Feld einer Kavität ist aufgrund des bisherigen Fehlens von quantitativen Untersuchungen zu klären, welche Parameter hier einen wesentlichen Einfluss ausüben. Zu überprüfende Parameter sind hier zunächst die Anzahl, Art und Verteilung dämpfender Elemente aber auch die Stärke, Anzahl und Positionierung der akustischen Quellen sowie die Abmessungen der Kavität bezogen auf die angeregten akustischen Wellenlängen.

Anhang A
Parameter des Modells zur Quantifizierbarkeit der Kopplungsstärke

Die Parameter des in dieser Arbeit zur Quantifizierung der Kopplungsstärke genutzten Modells sind in Tab. A.1 aufgeführt.

Das hier beschrieben Modell besteht aus zwei an einer Interaktionsfläche gekoppelten Teilsystemen mit jeweils spezifischen Materialparametern. Für die eingangs Kap. 4 getroffenen Annahme der ausschließlich reellen Eigenformen des Fluids, dass diese Annahme im Fall nicht-schwacher Kopplung durch die gewählten Dämpfungsmodelle beeinträchtigt wird. Aufgrund der für die Struktur gewählten Annahme der proportionalen bzw. sog. Rayleigh-Dämpfung [HC14, S. 314 ff.] und der für das Fluid angenommenen viskosen Dämpfung liegt zwar für die entkoppelten Teilsysteme eine proportionale Dämpfung vor, nicht aber für das gekoppelte. Dieser Umstand kann zur Entstehung komplexwertiger Eigenformen führen [AB20, S. 18]. Aufgrund der mit dem Ziel einer möglichst niedrigen Impedanz in der Resonanz sehr gering gewählten Rayleigh-Parameter α und β, die eine Dämpfung der entkoppelten Platte unter $0,1\,\%$ im Bereich zwischen 1 Hz and 1000 Hz sicherstellen, wird für die Berechnungen des 4. Kapitels die strukturelle Dämpfung als vernachlässigbar gegenüber der Fluiddämpfung betrachtet.

B. Hölscher, *Voraussetzungen der Existenz frequenzunabhängiger Schalleinstrahlungsformen*, Mechanics and Adaptronics,
https://doi.org/10.1007/978-3-662-72139-1

Tab. A.1 Parameter des Modells zur Untersuchung des Kopplungskriteriums in Abb. 4.1

Abmessung der Kavität	
Breite	0,8 m
Höhe	0,6 m
Tiefe	0,42 m
Abmessung der Platte	
Breite	0,8 m
Höhe	0,6 m
Tiefe	0,003 m
Anregungspunkt	0,05 m × 0,1 m
Fluidparameter Luft	
Dichte	$1,204\,\mathrm{kg/m^3}$
Schallgeschwindigkeit	$343\,\mathrm{m\,s^{-1}}$
Viskosität	$18,2 \cdot 10^{-6}$ Pa s
Strukturparameter (Aluminium)	
Dichte	$2700\,\mathrm{kg/m^3}$
Elastizitätsmodul	$70 \cdot 10^9$ Pa
Elastizitätsmodul (schwache Kopplung)	$11,7 \cdot 10^{12}$ Pa
Elastizitätsmodul (partielle Kopplung)	$565 \cdot 10^9$ Pa
Elastizitätsmodul (starke Kopplung)	$11,7 \cdot 10^{12}$ Pa
Alphadämpfung	0,012 57
Betadämpfung	$3,183 \cdot 10^{-7}$
Poissonzahl	0,3
Simulationsparameter	
Länge Elementkante	$\leq 0,04$ m
Elementform	Quader
Fluidelementtyp	Fluid220 (20 Knoten)
Strukturelementtyp	Shell281 (8 Knoten)
ANSYS Version	ANSYS 2020 R1

Anhang B
Eigenformen des Viertelzylinders

Dieser Abschnitt dient der Herleitung von Gl. 5.13 zur Beschreibung der akustischen Eigenformen des Viertelzylinders.

Der Laplace-Operator in Zylinderkoordinaten ist definiert zu

$$\Delta\varphi\,(r,\theta,z) = \frac{\partial^2\varphi}{\partial r^2} + \frac{1}{r}\frac{\partial\varphi}{\partial r} + \frac{1}{r^2}\frac{\partial^2\varphi}{\partial\theta^2} + \frac{\partial^2\varphi}{\partial z^2}, \tag{B.1}$$

die homogene Helmholtz-Differentialgleichung lautet

$$\Delta\varphi + \kappa^2\varphi = 0 \tag{B.2}$$

mit der Wellenzahl

$$\kappa = \frac{\omega}{c}. \tag{B.3}$$

Der Separationsansatz

$$\varphi\,(r,\theta,z) = u(r)v(\theta)w(z) \tag{B.4}$$

in den Grenzen

$$r \in [0, R]\,, \tag{B.5}$$

$$\theta \in \left[0, \tfrac{\pi}{2}\right], \tag{B.6}$$

$$z \in [0, L_Z] \tag{B.7}$$

führt nach Einsetzen von Gl. B.1 in die Helmholtz-Differentialgleichung B.2 in Zylinder-Koordinaten auf Gl. B.11.

B. Hölscher, *Voraussetzungen der Existenz frequenzunabhängiger Schalleinstrahlungsformen*, Mechanics and Adaptronics,
https://doi.org/10.1007/978-3-662-72139-1

$$\Delta\left(u(r)v(\theta)w(z)\right)+\kappa^2u(r)v(\theta)w(z)=0 \tag{B.8}$$

$$u''vw+\frac{1}{r}u'vw+u\frac{1}{r^2}v''w+uvw''+\kappa^2uvw=0 \tag{B.9}$$

$$\frac{u''+\frac{1}{r}u'}{u}+\frac{\frac{1}{r^2}v''}{v}+\frac{w''}{w}+\kappa^2=0 \tag{B.10}$$

$$r^2u''+ru'+\left[\frac{v''}{v}+\left(\frac{w''}{w}+\kappa^2\right)r^2\right]u=0 \tag{B.11}$$

mit $u''=\frac{d^2}{dr^2}u(r)$, $u'=\frac{d}{dr}u(r)$, $v''=\frac{d^2}{d\theta^2}v(\theta)$ etc. zur Vereinfachung der Notation. Die Betrachtung in u für $\theta, z=const$ nach Definition der Konstanten ν, η und μ zu

$$\frac{v''}{v}=-\nu^2;\ \frac{w''}{w}=-\eta^2;\ \kappa^2=\eta^2+\mu^2, \tag{B.12}$$

ergibt

$$r^2u''+ru'+\left[-\nu^2+\left(-\eta^2+\eta^2+\mu^2\right)r^2\right]u=0 \tag{B.13}$$

$$r^2u''+ru'+\left[\mu^2r^2-\nu^2\right]u=0. \tag{B.14}$$

Nach der Definition von

$$u(r)=h(x)=h(\mu r) \tag{B.15}$$

und Einsetzen ergibt sich folgende Differentialgleichung,

$$x^2h''(x)+xh'(x)+\left[x^2-\nu^2\right]h(x)=0, \tag{B.16}$$

was der Besselschen Differentialgleichung entspricht [Are+15, S. 1291].

Die Randbedingungen

$$w'(0)=w'(L_z)=v'(0)=v'(\frac{\pi}{2})=0 \tag{B.17}$$

liefern

$$v(\theta)=cos\left(\nu\theta\right),\ \nu=2m,\ m\in\mathbb{N} \tag{B.18}$$

und

$$w(z)=cos\left(\eta z\right),\ \eta=\frac{n\pi}{L_z},\ n\in\mathbb{N}. \tag{B.19}$$

Dann löst

$$h(x)=J_\nu(x), \tag{B.20}$$

hierbei ist J_ν die Besselfunktion ν-ter Ordnung erster Art [Are+15, S. 1291 ff.].

Gl. B.16 für den Parameter ν aus Gl. B.18 und Einsetzen von Gl. B.15 liefert mit der Randbedingung

$$u'(R) = 0 \tag{B.21}$$

dann

$$u(r) = J_\nu(\mu r),\ \mu = \frac{\tau_{\nu,l}}{R},\ l \in \mathbb{N} \tag{B.22}$$

mit

$$\frac{\partial J_\nu\left(\tau_{\nu,l}\right)}{\partial r} = 0 \tag{B.23}$$

und somit

$$\varphi_{l,m,n} = J_{2m}\left(\frac{\tau_{2m,l}}{R}r\right)\cos\left(2m\theta\right)\cos\left(\frac{n\pi}{L_Z}z\right). \tag{B.24}$$

Die Eigenkreisfrequenzen errechnen sich ergänzend mit Gl. B.3, B.12, B.19 und B.22 zu

$$\omega_{l,m,n} = c\kappa \tag{B.25}$$

$$= c\sqrt{\eta^2 + \mu^2} \tag{B.26}$$

$$= c\sqrt{\left(\frac{n\pi}{L_z}\right)^2 + \left(\frac{\tau_{2m,l}}{R}\right)^2}. \tag{B.27}$$

Literatur

AB20. R. J. Allemang und D. L. Brown. „Experimental Modal Analysis Methods“. In: *Handbook of Experimental Structural Dynamics*. Hrsg. von R. Allemang und P. Avitabile. New York, NY: Springer New York, 2020, S. 533–613. ISBN: 978-1-4939-6503-8. https://doi.org/10.1007/978-1-4939-6503-8_36-2.

AB94. N. Atalla und R. J. Bernhard. „Review of numerical solutions for low-frequency structural-acoustic problems“. In: *Applied Acoustics* 43.3 (1994), S. 271–294. https://doi.org/10.1016/0003-682X(94)90050-7.

Acc+18. G. Accardo, P. Chiariotti, B. Cornelis, M. El-kafafy, B. Peeters, K. Janssens und M. Martarelli. „Experimental acoustic modal analysis of an automotive cabin: challenges and solutions“. In: *Journal of Physics: Conference Series* 1075 (2018), S. 012026. ISSN: 1742-6588. https://doi.org/10.1088/1742-6596/1075/1/012026.

All03. R. J. Allemang. „The modal assurance criterion–twenty years of use and abuse“. In: *Sound and Vibration* 37.8 (2003), S. 14–23. ISSN: 15410161.

AM17. S. Algermissen und H. P. Monner. „On the stability of decentralized AVC/ASAC for large-scale structures“. In: *Journal of Intelligent Material Systems and Structures* 28.16 (2017), S. 2255–2264. ISSN: 1045-389X. https://doi.org/10.1177/1045389X16682843.

ANS20. ANSYS, Inc. „Theory Reference – 14.16. Energies“. In: *Ansys®Academic Research Mechanical APDL, Release 20.1*. Hrsg. von ANSYS, Inc. Canonsburg, Pennsylvania, 2020.

Are+15. T. Arens, F. Hettlich, C. Karpfinger, U. Kockelkorn, K. Lichtenegger und H. Stachel. *Mathematik*. 3. Auflage. Berlin und Heidelberg: Springer Spektrum, 2015. ISBN: 978-3-642-44919-2. https://doi.org/10.1007/978-3-642-44919-2.

ARM12. S. Adewusi, S. Rakheja und P. Marcotte. „Biomechanical models of the human hand-arm to simulate distributed biodynamic responses for different postures“. In: *International Journal of Industrial Ergonomics* 42.2 (2012), S. 249–260. https://doi.org/10.1016/j.ergon.2012.01.005.

BGG96. F. Bessac, L. Gagliardini und J.-L. Guyader. „Coupling eigenvalues and eigenvectors: a tool for investigating the vibroacoustic behaviour of coupled vibrating systems“. In: *Journal of Sound and Vibration* 191.5 (1996), S. 881–899. ISSN: 0022460X. https://doi.org/10.1006/jsvi.1996.0161.

Bie16. J. Biedermann. „Energiebasierte Korrelation von strukturdynamischen Messungen mit numerischen Modellen für Strukturen mit hoher modaler Dichte“. Dissertation. Braunschweig: Technische Universität Carolo-Wilhelmina zu Braunschweig, 2016.

Ble22. C. Blech. „Wave-resolving aircraft cabin noise prediction“. Dissertation. Braunschweig: Technische Universität Braunschweig, 2022.

B. Hölscher, *Voraussetzungen der Existenz frequenzunabhängiger Schalleinstrahlungsformen*, Mechanics and Adaptronics, https://doi.org/10.1007/978-3-662-72139-1

Bre22. L. Bremer. „Entwurf, Aufbau und Validierung eines Versuchsaufbaus zur räumlich hochauflösenden akustischen Vermessung einer zylindrischen Kavität". Masterarbeit. Braunschweig: TU Braunschweig, 2022.

Bul87. A. J. Bullmore. „The active minimisation of harmonic enclosed sound fields, with particular application to propeller induced cabin noise". Diss. University of Southampton, 1987.

But21. J. Buttler. „Quantitative Bewertung der Kopplung von Strukturschwingungen mit akustischen Innenräumen". Masterarbeit. Braunschweig: TU Braunschweig, 2021.

Caz99. B. S. Cazzolato. „Sensing Systems for Active Control of Sound Transmission into Cavities". Dissertation. Adelaide: The University of Adelaide, 1999.

CE11. J. Cheer und S. J. Elliott. „The effect of structural-acoustic coupling on the active control of noise in vehicles". In: *Proceedings of the 8th International Conference on Structural Dynamics*. Hrsg. von G. De Roeck, G. Degrande, G. Lombaert und G. Müller. 2011, S. 3206–3213.

Cha78. K. L. Chandiramani. „Some simple models describing the transition from weak to strong coupling in statistical energy analysis". In: *The Journal of the Acoustical Society of America* 63.4 (1978), S. 1081–1083. ISSN: 0001-4966. https://doi.org/10.1121/1.38181510.1121/1.381815.

Che+18. L. Chen, D. Xu, J. Du und C. Zhong. „Flexural Vibration Analysis of Nonuniform Double-Beam System with General Boundary and Coupling Conditions". In: *Shock and Vibration* 2018 (2018), Artikel 5103174. https://doi.org/10.1155/2018/5103174.

Che+22. R. Chen, D. Qin, Y. Yi, C. Liu und J. Shi. „Dynamic characteristics of electromechanical coupling of wind turbine drive system under multi-source excitation". In: *Wind Energy* 25.3 (2022), S. 391–418. https://doi.org/10.1002/we.2678.

CR09. V. B. Chivukula und J. F. Rhoads. „MEMS bandpass filters based on cyclic coupling architectures". In: 2009, S. 623–634. https://doi.org/10.1115/DETC2009-87059.

Dav17. R. B. Davis. „A simplified approach for predicting interaction between flexible structures and acoustic enclosures". In: *Journal of Fluids and Structures* 70 (2017), S. 276–294. ISSN: 08899746. https://doi.org/10.1016/j.jfluidstructs.2017.02.003.

Dav73. H. G. Davies. „Random vibration of distributed systems strongly coupled at discrete points". In: *The Journal of the Acoustical Society of America* 54.2 (1973), S. 507–515. ISSN: 0001-4966. https://doi.org/10.1121/1.1913608.

de +18. M. C. de Sousa, F. A. Marcus, I. L. Caldas und R. L. Viana. „Energy distribution in intrinsically coupled systems: The spring pendulum paradigm". In: *Physica A: Statistical Mechanics and its Applications* 509 (2018), S. 1110–1119. https://doi.org/10.1016/j.physa.2018.06.089.

Deu20. Deutsches Zentrum für Luft- und Raumfahrt e. V. *ISTAR Dassault Falcon 2000LX D-BDLR*. 2020. https://www.dlr.de/de/forschung-und-transfer/forschungsinfrastruktur/dlr-forschungsflotte/istar-dassault-falcon-2000lx-d-bdlr-1 (besucht am 22. 03. 2024).

DR22. W. Dahmen und A. Reusken. *Numerik für Ingenieure und Naturwissenschaftler*. Berlin, Heidelberg: Springer Berlin Heidelberg, 2022. ISBN: 978-3-662-65180-3. https://doi.org/10.1007/978-3-662-65181-0.

EJ93. S. J. Elliott und M. E. Johnson. „Radiation modes and the active control of sound power". In: *The Journal of the Acoustical Society of America* 94.4 (1993), S. 2194–2204. ISSN: 0001-4966. https://doi.org/10.1121/1.407490.

EW22. L. Egab und X. Wang. „On the analysis of coupling strength of a stiffened plate-cavity coupling system using a deterministic-statistical energy analysis method". In: *Mechanical Systems and Signal Processing* 164 (2022), Artikel 108234. ISSN: 08883270. https://doi.org/10.1016/j.ymssp.2021.108234.

Fah94. F. J. Fahy. „Statistical energy analysis: a critical overview". In: *Philosophical Transactions of the Royal Society of London. Series A: Physical and Engineering Sciences* 346.1681 (1994), S. 431–447. ISSN: 0962-8428. https://doi.org/10.1098/rsta.1994.0027.

Fas09. A. Fasana. „Modal parameters estimation in the Z-domain". In: *Mechanical Systems and Signal Processing* 23.1 (2009), S. 217–225. ISSN: 08883270. https://doi.org/10.1016/j.ymssp.2008.03.015.

FG07. F. J. Fahy und P. Gardonio. *Sound and structural vibration: Radiation, transmission and response*. 2nd ed. Amsterdam, Boston: Elsevier/Academic, 2007. ISBN: 9780123736338.

Fin11. S. Finnveden. „A quantitative criterion validating coupling power proportionality in statistical energy analysis". In: *Journal of Sound and Vibration* 330.1 (2011), S. 87–109. ISSN: 0022460X. https://doi.org/10.1016/j.jsv.2010.08.003.

Fin95. S. Finnveden. „Ensemble averaged vibration energy flows in a three-element structure". In: *Journal of Sound and Vibration* 187.3 (1995), S. 495–529. ISSN: 0022460X. https://doi.org/10.1006/jsvi.1995.0538.

FJ96. F. J. Fahy und P. P. James. „A study of the kinetic energy impulse response as an indicator of the strength of coupling between sea subsystems". In: *Journal of Sound and Vibration* 190.3 (1996), S. 363–386. ISSN: 0022460X. https://doi.org/10.1006/jsvi.1996.0069.

Fow+18. D. Fowler, G. Lopp, D. Bansal, R. Schultz, M. Brake und M. Shepherd. „Modeling and Measurement of a Tunable Acoustoelastic System". In: *Sound&Vibration* 52.3 (2018), S. 12–17. ISSN: 1541-0161. https://doi.org/10.32604/SV.2018.03864.

FZZ23. C. Fang, Y. Zeng und Y. Zhang. „A numerical strategy for predicting the coupling-strength of acoustic fluid-structure interaction". In: *Computers & Structures* 275 (2023), Artikel 106902. ISSN: 00457949. https://doi.org/10.1016/j.compstruc.2022.106902.

Gar02. P. Gardonio. „Review of Active Techniques for Aerospace Vibro-Acoustic Control". In: *Journal of Aircraft* 39.2 (2002), S. 206–214. ISSN: 0021-8669. https://doi.org/10.2514/2.2934.

GM23. C. Gurbuz und S. Marburg. „Efficient Analysis of Energy-Based Surface Contributions for an Entire Acoustic Cavity". In: *Journal of Theoretical and Computational Acoustics* 31.03 (2023), Artikel 2350002. ISSN: 2591-7285. https://doi.org/10.1142/S2591728523500020.

GZL01. A. Grewal, D. G. Zimcik und B. Leigh. „Feedforward Piezoelectric Structural Control: An Application to Aircraft Cabin Noise Reduction". In: *Journal of Aircraft* 38.1 (2001), S. 164–173. ISSN: 0021-8669. https://doi.org/10.2514/2.2748.

Haa+16. T. Haase, O. Unruh, S. Algermissen und M. Pohl. „Active control of counter-rotating open rotor interior noise in a Dornier 728 experimental aircraft". In: *Journal of Sound and Vibration* 376 (2016), S. 18–32. ISSN: 0022460X. https://doi.org/10.1016/j.jsv.2016.04.038.

HC14. C. Q. Howard und B. S. Cazzolato. *Acoustic Analyses Using Matlab®and Ansys®*. Hoboken: Taylor and Francis, 2014. ISBN: 978-1-4822-2327-9.

Hen+09. E. Hennebicq, D. Beljonne, C. Curutchet, G. D. Scholes und R. J. Silbey. „Shared-mode assisted resonant energy transfer in the weak coupling regime". In: *Journal of Chemical Physics* 130.21 (2009), Artikel 214505. https://doi.org/10.1063/1.3140273.

Hes+17. C. Hesse, V. Papantoni, S. Algermissen und H.-P. Monner. „Frequency-independent radiation modes of interior sound radiation: Experimental study and global active control". In: *Journal of Sound and Vibration* 401 (2017), S. 204–213. ISSN: 0022460X. https://doi.org/10.1016/j.jsv.2017.04.038.

Hes16. C. Hesse. „Aktive Reduktion der Schalleinstrahlung in Kavitäten". Dissertation. Braunschweig: Technische Universität Braunschweig, 2016.

Hes18. C. Hesse. „Active control of composite fuselage type structures with enclosed acoustic cavity". In: *Journal of Fluids and Structures* 81 (2018), S. 565–573. ISSN: 08899746. https://doi.org/10.1016/j.jfluidstructs.2018.06.006.

HTI12. S. G. Hill, N. Tanaka und H. Iwamoto. „A generalised approach for active control of structural–interior global noise: Practical implementation". In: *Journal of Sound and Vibration* 331.14 (2012), S. 3227–3239. ISSN: 0022460X. https://doi.org/10.1016/j.jsv.2012.02.027.

HVS17. C. Hesse, J. M. Vivar Perez und M. Sinapius. „Frequency-independent radiation modes of interior sound radiation: An analytical study". In: *Journal of Sound and Vibration* 392 (2017), S. 31–40. ISSN: 0022460X. https://doi.org/10.1016/j.jsv.2016.12.038.

JF00. P. P. James und F. J. Fahy. „A modal interaction indicator for qualifying cs as an indicator of strength of coupling between sea subsystems". In: *Journal of Sound and Vibration* 235.3 (2000), S. 451–476. ISSN: 0022460X. https://doi.org/10.1006/jsvi.2000.2929.

JF97. P. P. James und F. J. Fahy. „A technique for the assessment of strength of coupling between sea subsystems: experiments with two coupled plates and two coupled rooms“. In: *Journal of Sound and Vibration* 203.2 (1997), S. 265–282. ISSN: 0022460X. https://doi.org/10.1006/jsvi.1996.0871.

Ji+12. H. Ji, J. Qiu, P. Xia und D. Inman. „Coupling analysis of energy conversion in multi-mode vibration structural control using a synchronized switch damping method“. In: *Smart Materials and Structures* 21.1 (2012), Artikel 015013. https://doi.org/10.1088/0964-1726/21/1/015013.

Ji+21. H. Ji, N. Wang, C. Zhang, X. Wang, L. Cheng und J. Qiu. „A vibration absorber based on two-dimensional acoustic black holes“. In: *Journal of Sound and Vibration* 500 (2021), Artikel 116024. ISSN: 0022460X. https://doi.org/10.1016/j.jsv.2021.116024.

Jin+23a. L. Jinlong, Z. Haichao, H. Jiuxiao und Y. Suwei. „Modeling and Vibro-acoustic Characterization of Elastic Plate-Irregular Hexahedral Acoustic Cavity Coupling Systems“. In: *Journal of Vibration Engineering & Technologies* 11.8 (2023), S. 3797–3813. ISSN: 2523-3920. https://doi.org/10.1007/s42417-022-00783-7.

Jin+23b. L. Jinlong, Z. Haichao, Y. Suwei und H. Jiuxiao. „Vibro-acoustic Response Analysis of Structure-acoustic Coupling Cavity Under External Excitation Source“. In: *Proceedings of the 29th International Congress on Sound and Vibration*. Hrsg. von E. Carletti. IIAV CZECH s.r.o., 2023, Artikel 378. ISBN: 9788011034238.

Joh+99. S. Johansson, I. Claesson, S. Nordebo und P. Sjosten. „Evaluation of multiple reference active noise control algorithms on Dornier 328 aircraft data“. In: *IEEE Transactions on Speech and Audio Processing* 7.4 (1999), S. 473–477. ISSN: 10636676. https://doi.org/10.1109/89.771319.

Kam+02. M. Kamata, T. Yamazaki, H. Ishibashi und K. Misaji. „Study on Subdivision in Statistical Energy Analysis“. In: *Transactions of the Japan Society of Mechanical Engineers Series C* 68.665 (2002), S. 228–234. ISSN: 0387-5024. https://doi.org/10.1299/kikaic.68.228.

KB00. S. M. Kim und M. J. Brennan. „Active control of harmonic sound transmission into an acoustic enclosure using both structural and acoustic actuators“. In: *The Journal of the Acoustical Society of America* 107.5 Pt 1 (2000), S. 2523–2534. ISSN: 0001-4966. https://doi.org/10.1121/1.428640.

KB99. S. M. Kim und M. J. Brennan. „A compact matrix formulation using the impedance and mobility approach for the analysis of structural-acoustic systems“. In: *Journal of Sound and Vibration* 223.1 (1999), S. 97–113. ISSN: 0022460X. https://doi.org/10.1006/jsvi.1998.2096.

Kea93. A. J. Keane. „Note on modal summations and averaging methods as applied to statistical energy analysis (S.E.A.)“ In: *Journal of Sound and Vibration* 164.1 (1993), S. 143–156. ISSN: 0022460X. https://doi.org/10.1006/jsvi.1993.1200.

KIN21. T. Kaizuka, H. Iwamoto und K. Nakano. „Active structural modal control for sound reduction in an enclosure: Experimental verification“. In: *Applied Acoustics* 178 (2021), Artikel 107965. ISSN: 0003682X. https://doi.org/10.1016/j.apacoust.2021.107965.

KN18. T. Kaizuka und K. Nakano. „Active control of sound transmission into an enclosure using structural modal filters“. In: *Journal of Sound and Vibration* 431 (2018), S. 328–345. ISSN: 0022460X. https://doi.org/10.1016/j.jsv.2018.06.012.

Köh17. C. Köhne. „Aktive Schallreduktion mit mechanischen Aktoren im Frachtraum eines A400M“. Dissertationsschrift. Hamburg: Helmut-Schmidt-Universität Hamburg, 2017.

KP87. A. J. Keane und W. G. Price. „Statistical energy analysis of strongly coupled systems“. In: *Journal of Sound and Vibration* 117.2 (1987), S. 363–386. ISSN: 0022460X. https://doi.org/10.1016/0022-460X(87)90545-1.

KZ21. X. Kan und B. Zhao. „A New Method of Reducing the Vibration Localization of the Multi-packet Whole Mistuned Bladed Disk System Using Bladed Packets“. In: *International Journal of Aeronautical and Space Sciences* 22.4 (2021), S. 857–865. https://doi.org/10.1007/s42405-021-00369-9.

Lan90. R. S. Langley. „A derivation of the coupling loss factors used in statistical energy analysis“. In: *Journal of Sound and Vibration* 141.2 (1990), S. 207–219. ISSN: 0022460X. https://doi.org/10.1016/0022-460X(90)90835-N.

LC10. A. Le Bot und V. Cotoni. „Validity diagrams of statistical energy analysis“. In: *Journal of Sound and Vibration* 329.2 (2010), S. 221–235. ISSN: 0022460X. https://doi.org/10.1016/j.jsv.2009.09.008.

LDC18. Y. Liu, J. Du und L. Cheng. „Analytical coupled vibro-acoustic modeling of a cavity-backed duct-membrane system with uniform mean flow“. In: *Journal of the Acoustical Society of America* 144.3 (2018), S. 1368–1380. https://doi.org/10.1121/1.5053586.

Mac93. B. R. Mace. „The Statistical Energy Analysis of Two Continuous One-Dimensional Subsystems“. In: *Journal of Sound and Vibration* 166.3 (1993), S. 429–461. ISSN: 0022460X. https://doi.org/10.1006/jsvi.1993.1305.

MD99. G. Maidanik und J. Dickey. „On the External Input Power Into Coupled Structures“. In: *IUTAM Symposium on Statistical Energy Analysis*. Hrsg. von G. M. L. Gladwell, F. J. Fahy und W. G. Price. Bd. 67. Solid Mechanics and Its Applications. Dordrecht: Springer Netherlands, 1999, S. 197–208. ISBN: 978-90-481-5131-8. https://doi.org/10.1007/978-94-015-9173-7_18.

MF53. P. M. Morse und H. Feshbach. *Methods of theoretical physics*. International student ed. International series in pure and applied physics. New York: McGraw-Hill, 1953. ISBN: 9780070433168.

MGH04. N. Møller, S. Gade und J. Hald. „The use of volume velocity source in transfer measurements“. In: *Proceedings of ISMA2004*. Hrsg. von P. Sas und M. de Munck. Leuven: Katholieke Universiteit Leuven, 2004. ISBN: 90-73802-82-2.

Mis+23. M. Misol, S. Algermissen, H. P. Monner und U. Dinçer. „Design of an Active Noise Control System for a Business Jet With Turbofan Engines“. In: *Proceedings of the 29th International Congress on Sound and Vibration*. Hrsg. von E. Carletti. IIAV CZECH s.r.o., 2023, Artikel 104. ISBN: 9788011034238.

MM17. L. Moheit und S. Marburg. „Infinite Elements and Their Influence on Normal and Radiation Modes in Exterior Acoustics“. In: *Journal of Computational Acoustics* 25.04 (2017), Artikel 1650020. ISSN: 0218-396X. https://doi.org/10.1142/S0218396X1650020X.

MM18. L. Moheit und S. Marburg. „Normal Modes and Modal Reduction in Exterior Acoustics“. In: *Journal of Theoretical and Computational Acoustics* 26.03 (2018), Artikel 1850029. ISSN: 2591-7285. https://doi.org/10.1142/S2591728518500299.

Mös10. M. Möser. *Messtechnik der Akustik*. Berlin, Heidelberg: Springer Berlin Heidelberg, 2010. ISBN: 978-3-540-68086-4. https://doi.org/10.1007/978-3-540-68087-1.

MS61. P. Moon und D. E. Spencer. *Field Theory Handbook: Including Coordinate Systems, Differential Equations and Their Solutions*. Berlin, Heidelberg: Springer Berlin / Heidelberg, 1961.

Myl+24. D. Mylonas, A. Erspamer, C. Yiakopoulos und I. Antoniadis. „Global control of propeller-induced aircraft cabin noise using active sound absorbers“. In: *Journal of Sound and Vibration* 573 (2024), Artikel 118213. ISSN: 0022460X. https://doi.org/10.1016/j.jsv.2023.118213.

New66. D. E. Newland. „Calculation of power flow between coupled oscillators“. In: *Journal of Sound and Vibration* 3.3 (1966), S. 262–276. ISSN: 0022460X. https://doi.org/10.1016/0022-460X(66)90095-2.

Pal+01. D. Palumbo, R. Cabell, B. Sullivan und J. Cline. „Flight Test of Active Structural Acoustic Noise Control System“. In: *Journal of Aircraft* 38.2 (2001), S. 277–284. ISSN: 0021-8669. https://doi.org/10.2514/2.2760.

PB90. J. Pan und D. A. Bies. „The effect of fluid–structural coupling on sound waves in an enclosure—Theoretical part“. In: *The Journal of the Acoustical Society of America* 87.2 (1990), S. 691–707. ISSN: 0001-4966. https://doi.org/10.1121/1.398939.

Pei22. A. Peiffer. *Vibroacoustic Simulation*. Wiley, 2022. ISBN: 9781119849841. https://doi.org/10.1002/9781119849872.

PES93. R. S. Pappa, K. B. Elliott und A. Schenk. „Consistent-mode indicator for the eigensystem realization algorithm“. In: *Journal of Guidance, Control, and Dynamics* 16.5 (1993), S. 852–858. ISSN: 0731-5090. https://doi.org/10.2514/3.21092.

PG08. M. Perc und M. Gosak. „Pacemaker-driven stochastic resonance on diffusive and complex networks of bistable oscillators“. In: *New Journal of Physics* 10 (2008), Artikel 053008. https://doi.org/10.1088/1367-2630/10/5/053008.

PMG18a. A. Puri, S. V. Modak und K. Gupta. „Global feedforward active noise control in vibro-acoustic cavities without increasing structural vibrations“. In: *The Journal of the Acoustical Society of America* 144.6 (2018), S. 3391–3408. ISSN: 0001-4966. https://doi.org/10.1121/1.5082297.

PMG18b. A. Puri, S. V. Modak und K. Gupta. „Modal filtered-x LMS algorithm for global active noise control in a vibro-acoustic cavity“. In: *Mechanical Systems and Signal Processing* 110 (2018), S. 540–555. ISSN: 08883270. https://doi.org/10.1016/j.ymssp.2018.03.031.

PMG19a. A. Puri, S. V. Modak und K. Gupta. „Global active control of harmonic noise in a vibro-acoustic cavity using Modal FxLMS algorithm“. In: *Applied Acoustics* 150 (2019), S. 147–161. ISSN: 0003682X. https://doi.org/10.1016/j.apacoust.2019.02.008.

PMG19b. A. Puri, S. V. Modak und K. Gupta. „Global active noise control in vibro-acoustic cavities using acoustic sensing“. In: *Journal of Sound and Vibration* 455 (2019), S. 256–274. ISSN: 0022460X. https://doi.org/10.1016/j.jsv.2019.05.00510.1016/j.jsv.2019.05.005.

Pop84. L. D. Pope. *Propeller aircraft interior noise model utilization study and validation*. Hampton, Virginia, 1984.

Pre+22. S. Preuss, C. Gurbuz, C. Jelich, S. K. Baydoun und S. Marburg. „Recent Advances in Acoustic Boundary Element Methods“. In: *Journal of Theoretical and Computational Acoustics* 30.03 (2022), Artikel 2240002. ISSN: 2591-7285. https://doi.org/10.1142/S2591728522400023.

PWM87. L. D. Pope, C. M. Willis und W. H. Mayes. „Propeller aircraft interior noise model, part II: Scale-model and flight-test comparisons“. In: *Journal of Sound and Vibration* 118.3 (1987), S. 469–493. ISSN: 0022460X. https://doi.org/10.1016/0022-460X(87)90365-8.

PWW87. L. D. Pope, E. G. Wilby und J. F. Wilby. „Propeller aircraft interior noise model, part I: Analytical model“. In: *Journal of Sound and Vibration* 118.3 (1987), S. 449–467. ISSN: 0022460X. https://doi.org/10.1016/0022-460X(87)90364-6.

Rup19. S. J. Rupitsch. *Piezoelectric Sensors and Actuators*. Berlin, Heidelberg: Springer Berlin Heidelberg, 2019. ISBN: 978-3-662-57532-1. https://doi.org/10.1007/978-3-662-57534-5.

SA99. P. Sas und F. Augusztinovicz. „Acoustic Modal Analysis“. In: *Modal Analysis and Testing*. Hrsg. von J. M. M. Silva und N. M. M. Maia. Bd. 14. Dordrecht: Springer Netherlands, 1999, S. 487–506. ISBN: 978-0-7923-5894-7. https://doi.org/10.1007/978-94-011-4503-9_23.

SD18. R. Schultz und R. B. Davis. „Dynamic Substructuring Applied to the Decoupling of Acoustic-Structure Systems“. In: *Dynamics of Coupled Structures, Volume 4*. Hrsg. von A. Linderholt, M. S. Allen, R. L. Mayes und D. Rixen. Conference Proceedings of the Society for Experimental Mechanics Series. Cham: Springer International Publishing, 2018, S. 191–200. ISBN: 978-3-319-74653-1. https://doi.org/10.1007/978-3-319-74654-8_16.

Shi+88. C. Y. Shih, Y. G. Tsuei, R. J. Allemang und D. L. Brown. „Complex mode indication function and its applications to spatial domain parameter estimation“. In: *Mechanical Systems and Signal Processing* 2.4 (1988), S. 367–377. ISSN: 08883270. https://doi.org/10.1016/0888-3270(88)90060-X.

Sim+89. M. A. Simpson, M. R. Cannon, P. L. Burge und R. P. Boyd. *Interior noise control ground test studies for advanced turboprop aircraft applications*. Bd. 181819. NASA contractor report. Hampton, Va. und [Springfield, Va.]: National Aeronautics and Space Administration, Langley Research Center und [For sale by the National Technical Information Service], 1989.

Sin21. J. M. Sinapius. *Adaptronics – Smart Structures and Materials*. Berlin, Heidelberg: Springer Berlin Heidelberg, 2021. ISBN: 978-3-662-61398-6. https://doi.org/10.1007/978-3-662-61399-3.

Smi79. P. W. Smith. „Statistical models of coupled dynamical systems and the transition from weak to strong coupling“. In: *The Journal of the Acoustical Society of America* 65.3 (1979), S. 695–698. ISSN: 0001-4966. https://doi.org/10.1121/1.382481.

TMI16. H. Tsuchiya, H. Moriyama und S. Iwamori. „Electricity Generation Characteristics of Energy-Harvesting System with Piezoelectric Element Using Mechanical-Acoustic Coupling“. In: *Advances in Acoustics and Vibration* 2016 (2016), Artikel 4217517. https://doi.org/10.1155/2016/4217517.

Unr15. O. Unruh. „Schallabstrahlcharakteristik von Platten mit inhomogener Dämpfung und komplexen Schwingungseigenformen“. Dissertation. Braunschweig: TU Braunschweig, 2015.

van+93. H. van der Auweraer, D. Otte, G. Venet und J. Catalifaud. „Aircraft interior sound field analysis in view of active control: Results from the ASANCA project“. In: *Noise-Con 93*. Institute of Noise Control Engineering, 1993, S. 219–224.

VIS23. VISATON GmbH & Co. KG, Hrsg. *Lieferprogramm 2023/ 2024*. 2023.

vOA93. H. van der Auweraer, D. Otte und F. Augusztinovicz. „Vibroacoustic analysis of trimmed aircraft through modal and principal field modelling“. In: *15th Aeroacoustics Conference*. Reston, Virigina: American Institute of Aeronautics and Astronautics, 1993. https://doi.org/10.2514/6.1993-4380.

VR22. C. Van hoorickx und E. P. Reynders. „Coupling strength evaluation in vibro-acoustic systems“. In: *Journal of Sound and Vibration* 536 (2022), Artikel 117133. ISSN: 0022460X. https://doi.org/10.1016/j.jsv.2022.117133.

Win+23. R. Winter, M. Norambuena, J. Sinske und S. Zettel. „High-resolution vibroacoustic characterization of DLR's Falcon 2000LX ISTAR aircraft“. In: *CEAS Aeronautical Journal* 14.4 (2023), S. 953–963. ISSN: 1869-5582. https://doi.org/10.1007/s13272-023-00676-9.

Woo81. J. Woodhouse. „An approach to the theoretical background of statistical energy analysis applied to structural vibration“. In: *The Journal of the Acoustical Society of America* 69.6 (1981), S. 1695–1709. ISSN: 0001-4966. https://doi.org/10.1121/1.385949.

Yam82. T. Yamada. „Chaotic State in an Electronic Circuit: Analysis of Gollub et al.'s Experiment“. In: *Journal of the Physical Society of Japan* 51.11 (1982), S. 3423–3430. https://doi.org/10.1143/JPSJ.51.3423.

Zha+16. P. Zhang, Q. Fei, S. Wu und Y. Li. „A Dimensionless Quotient for Determining Coupling Strength in Modal Energy Analysis“. In: *Journal of Vibration and Acoustics* 138.6 (2016), Artikel 061014. ISSN: 1048-9002. https://doi.org/10.1115/1.4034377.

Zha+20. Z. Zhang, H. Yu, N. Duan und H. Hua. „A Multidomain Spectral Method for Analysis of Interior Vibroacoustic Systems with Segmented Boundaries“. In: *Shock and Vibration* 2020 (2020), Artikel 6910174. ISSN: 1070-9622. https://doi.org/10.1155/2020/6910174.

GPSR Compliance

The European Union's (EU) General Product Safety Regulation (GPSR) is a set of rules that requires consumer products to be safe and our obligations to ensure this.

If you have any concerns about our products, you can contact us on ProductSafety@springernature.com

In case Publisher is established outside the EU, the EU authorized representative is:

Springer Nature Customer Service Center GmbH
Europaplatz 3
69115 Heidelberg, Germany

Batch number: 10614709

Printed by Printforce, the Netherlands